奶牛健康养殖与牛奶质量评价

◎ 刘英玉　陈伟丽　主编

中国农业科学技术出版社

图书在版编目（CIP）数据

奶牛健康养殖与牛奶质量评价／刘英玉，陈伟丽主编. -- 北京：中国农业科学技术出版社，2024.7.

ISBN 978-7-5116-6858-5

Ⅰ. S823.9；TS252.2

中国国家版本馆 CIP 数据核字第 2024SU3621 号

责任编辑　　金　迪
责任校对　　李向荣
责任印制　　姜义伟　　王思文

出 版 者　　中国农业科学技术出版社
　　　　　　北京市中关村南大街 12 号　　　邮编：100081
电　　话　　（010）82106625（编辑室）　　　（010）82106624（发行部）
　　　　　　（010）82109709（读者服务部）
网　　址　　https://castp.caas.cn
经 销 者　　各地新华书店
印 刷 者　　北京建宏印刷有限公司
开　　本　　170 mm×240 mm　　1/16
印　　张　　9.5
字　　数　　166 千字
版　　次　　2024 年 7 月第 1 版　　2024 年 7 月第 1 次印刷
定　　价　　56.00 元

《奶牛健康养殖与牛奶质量评价》
编写人员

主　编：刘英玉　　陈伟丽

副主编：任万平　　佟盼盼　　彭　斌　　魏　勇

　　　　郭庆勇　　郑百利　　徐全武　　牛春晖

编　者：付　强　　赛福鼎·阿不拉　　邵　伟

　　　　杨　亮　　张　伟　　马　龙　　王振宇

　　　　张　毅　　郑晓风　　马　兰　　程雅玲

　　　　李勇超　　蔡雨萱　　周鑫漪　　阿里亚

　　　　苏战强　　郝翠兰　　史慧君　　王世民

　　　　买买提·艾孜子　　翟少华　　马雪连

　　　　李　娜　　李　斌　　孙亚伟

前　言

　　《"十四五"全国畜牧兽医行业发展规划》提出，围绕加快构建现代养殖体系，健全完善动物防疫体系，持续推动畜牧业绿色循环发展。牛奶作为国民日常饮食的重要组成部分，人们对其品质和供应的需求不断提高。奶牛健康养殖是根据奶牛的生物学特性，运用生态学、营养学原理来指导养殖生产，为奶牛创造一个良好的，有利于快速、健康生长的生态环境，提供充足的全价营养饲料，使其在生长发育期间最大限度地减少疾病的发生，生产出的牛奶无污染、无残留、营养丰富。

　　本书内容综合了奶牛健康养殖过程中的影响因素和牛奶卫生质量控制规程。奶牛健康养殖过程中的影响因素主要有奶牛的品种和营养需求、奶牛繁育技术、主要疫病等方面。加强牛奶卫生质量的控制，需要对原料奶品质、牛奶卫生质量、牛奶的污染及其预防措施、牛奶的贮存与运输进行强制要求，同时需要了解国内外牛奶及其制品生产标准。本书可以为相关管理和技术人员进行牛奶卫生质量管理提供借鉴，为奶牛产业链发展提供基础理论和行业技术知识。

　　本书是在"十三五"国家重点研发计划子项目（2018YFD0500504）、自治区重大科技专项（2023A02007）、新疆草食动物新药研究与创制重点实验室（XJ-KLNDSCHA）、新疆奶业体系资助下完成的。在此由衷地感谢新疆农业大学动物医学学院和动物科学学院、乌鲁木齐县农产品质量安全检测中心、新疆生产建设兵团第八师畜牧兽医工作站、乌鲁木齐县畜牧兽医站、乌鲁木齐县农牧水产技术推广中心、新疆天奥牧业有限公司等参与书稿编著的各位老师和同学。

　　由于编者水平所限，书中不尽如人意之处在所难免，恳请广大读者和同行不吝指正。

编　者

2024 年 5 月

目　　录

第一章

奶牛营养与饲养管理

第一节　奶牛的主要品种

奶牛是经过长期培育出来的专门用来产奶的草食动物，主要分为专门化乳用品种、乳肉兼用型品种、水牛品种以及牦牛品种共4个类型，其中专门化乳用品种包括荷斯坦牛、娟姗牛、更赛牛等，乳肉兼用型品种包括西门塔尔牛、瑞士褐牛、丹麦红牛等，水牛品种包括印度摩拉水牛、巴基斯坦尼里-拉菲水牛、意大利水牛等，牦牛品种主要包括西藏高山牦牛、青海高原牦牛、麦洼牦牛等。在我国，专门化的乳用品种较少，只有中国荷斯坦牛，乳肉兼用型品种有中国西门塔尔牛、三河牛、新疆褐牛等，水牛品种有福安水牛、滨湖水牛、德昌水牛等，牦牛品种主要以西藏高山牦牛为主。

一、专门化乳用品种

1. 荷斯坦奶牛

以高产奶性能闻名于世界，被许多国家引进，原产地荷兰，因其黑白相间的毛色，又被称为"黑白花奶牛"。大型乳用品种，典型乳用牛体貌特征，整体呈楔形，体型结构高大匀称、皮薄骨细、肌肉不发达，后躯乳房发达，结构良好呈圆形，乳静脉明显。成年公牛体重900~1 200kg，成年母牛体重550~750kg，犊牛初生重35~45kg，年均产奶量8 000~12 000kg，乳脂率3.40%~4.00%，乳蛋白率2.90%~3.41%。荷斯坦奶牛适应性强、性情温顺、耐寒能力强，但耐热能力稍差，高温时产奶量下降明显（图1-1）。

2. 娟姗牛

以乳脂率高而著称，原产地英国，因产于英吉利海峡娟姗岛而得名，毛

图 1-1 荷斯坦奶牛

色以浅褐色为主，小型乳用品种，典型乳用体貌特征，体躯呈楔形或三角形，体型细致紧凑、头小颈细、颈垂发达，乳房发育匀称，形状美观，多呈圆球形，质地柔软，乳静脉粗大弯曲。成年公牛体重 650～750kg，成年母牛体重 340～450kg，犊牛初生重 23～27kg，年平均产奶量 3 500～4 000kg，平均乳脂率 5.5～6.0%，乳蛋白率可达 3.5%～3.8%。娟姗牛性成熟早、抗病力强、耐热能力强，乳脂肪球大，乳脂风味好，适合制作黄油（图 1-2）。

图 1-2 娟姗牛

二、乳肉兼用型品种

1. 西门塔尔牛

世界范围养殖数量最多、影响力最大的大型乳肉兼用型品种，原产地瑞士阿尔卑斯山地带，毛色黄白相间或者红白相间，又被称为"红白花牛"（图1-3），头颈部被毛卷曲，体格粗壮匀称，公牛腰背平直，体躯呈圆筒形，全身肌肉发达，尻部肌肉丰满，母牛乳房中等。成年公牛体重1 100~1 300kg，成年母牛体重650~800kg，犊牛初生重平均为42kg，年平均产奶量3 500~4 500kg，乳脂率3.60%~4.15%，公牛育肥后屠宰率可达65%，胴体瘦肉率高。西门塔尔牛产奶性能不输于乳用品种，产肉性能不亚于专门化肉牛品种，舍饲或放牧均可，耐粗饲、适应性强，对我国黄牛改良起到重要意义。

图1-3　西门塔尔牛

2. 瑞士褐牛

原产于瑞士阿尔卑斯山区，中小型乳肉兼用品种，全身被毛褐色，深浅不一，鼻镜四周呈白色带，头短小，颈粗短，背线平直，体格中等（图1-4），结构紧凑匀称，四肢粗壮结实，母牛乳房中等，附着良好，乳静脉弯曲明显，成年公牛体重900~1 050kg，成年母牛体重500~550kg，犊牛初生重38~38kg，年平均产奶量2 500~3 800kg，乳脂率3.2%~3.9%，公牛平均屠宰率50%~60%。瑞士褐牛晚熟，一般2岁配种，耐粗饲，适应性和抗病力强，美国引进后将其改良用作乳用牛，加拿大引进后将其培育为肉用牛，其对我国新疆褐牛品种改良起到重要作用。

图1-4 瑞士褐牛

三、水牛品种

1. 摩拉水牛

世界著名乳用水牛品种，也称印度水牛（图1-5），原产于印度雅么纳河西部，全身被毛稀疏，皮肤黝黑有光泽，体型高大，四肢粗壮，体型呈楔形，母牛发育良好，乳静脉明显且弯曲，乳头粗长，成年公牛体重450～800kg，成年母牛350～750kg，年平均产奶量1 800～3 000kg，乳脂率6.0%～7.6%，育肥公牛屠宰率50%～55%，净肉率40%～43%。摩拉水牛耐热、耐粗饲，抗病力强，遗传稳定，其乳汁浓稠，风味独特，乳脂、乳蛋白含量高，易制奶油，对我国南方水牛改良起到重要作用。

图1-5 摩拉水牛

2. 尼里–拉菲水牛

世界优秀乳用水牛品种之一，原产于巴基斯坦旁遮普省，主要分布于巴基斯坦尼里河、拉菲河两岸，全身被毛皮肤呈黑色，体躯深厚，体格粗壮，玉石眼，乳房胸部有肉色斑块，头部、四肢有白斑，乳房发达，乳静脉明显，乳头粗大（图1–6）。成年公牛体重720～900kg，成年母牛体重560～660kg，年均产奶量1 000～2 900kg，乳脂率6. 35%～6. 5%，育肥公牛屠宰率50%左右，净肉率40%左右，肉质鲜美。尼里–拉菲水牛耐热、耐粗饲，繁殖力高，易发生乳房炎，引进用于改良我国南方水牛效果显著。

图1–6　尼里–拉菲水牛

四、牦牛品种

1. 青海高原牦牛

青海高原牦牛是役、乳、肉、毛兼用型，主产区为中国青海玉树地区，全身被毛多为黑褐色，体型具有野牦牛特征，体格结实紧凑，鬐甲高，肩峰发达，四肢短小，体侧腹下部毛厚密长（图1–7）。公牛头大颈短，睾丸小，母牛头长颈长，乳房小，乳头短小，乳静脉不明显，成年公牛平均体重350kg左右，成年母牛平均体重200kg左右，年泌乳150d左右，奶产量195～300kg，乳脂率6. 00%～7. 20%，公牛屠宰率54%，净肉率42%。青海高原牦牛性成熟晚，3岁以上才能配种繁殖，季节性发情，耐粗饲，攀登能力强，适合高海拔、高寒地区放牧。

图 1-7 青海高原牦牛

2. 麦洼牦牛

主要产自中国四川阿坝藏族羌族自治州，因中心产区麦洼部落而得名，全身被毛以黑色为主，体格结实匀称，鬐甲低，背腰平直，前胸发达，尻部斜窄，四肢短小，蹄质结实（图 1-8）。成年公牛体重 200~410kg，成年母牛体重 176~220kg，年泌乳 180d，产奶量 240~365kg，乳脂率 6.10~8.00%，乳蛋白率平均为 4.91%，成年公牛屠宰率 45%~55%，净肉率 33%~43%。麦洼牦牛主要在 3 000m 以上地区放牧，为青藏高原珍惜特种资

图 1-8 麦洼牦牛

源，是中国国家地理标志产品。牛奶乳脂、乳蛋白含量高，风味醇厚，易制酥油，公牛牛肉脂肪丰富，蛋白高、肉质鲜美。

五、国内主要奶牛品种

1. 专门化乳用品种

中国荷斯坦奶牛。由中国黄牛和引进荷斯坦牛长期杂交选育而成，1992年正式命名为"中国荷斯坦奶牛"，为我国唯一的专门乳用品种，中国荷斯坦奶牛体格健壮、结构匀称，具有典型的乳用体貌特征，全身黑白毛色分明，被毛光泽，母牛腹大而不下垂，胸部发育良好，乳房发达，乳头大小适中，乳静脉大而弯曲（图1-9）。成年公牛体重900～1 200kg，成年母牛体重550～750kg，平均奶产量6 500～8 000kg，优良牛群奶产奶可达8 000～12 000kg，乳脂率3.0%～3.7%，乳蛋白率2.9%～3.6%，中国荷斯坦奶牛存栏量在我国超过1 000万头，主要分布在内蒙古、河北、宁夏、新疆、黑龙江等北方地区，乳产量高但乳脂、乳蛋白率整体不高，耐寒不耐热，性成熟早，繁殖性能高，对饲料要求高，各地区之间特征及性能差异较大。

图1-9　中国荷斯坦牛

2. 乳肉兼用型品种

（1）中国西门塔尔牛。由中国黄牛和引进德系西门塔尔牛长期杂交选育而成，属于乳肉兼用品种，主要分布于我国华北、东北和西北地区，中国西门塔尔牛体格高大，结构匀称结实，毛色多为红白花或黄白花相间，头颈部带有卷毛，公牛呈肉用体型，体躯长，肌肉发达，母牛呈乳用体型，后躯发达，乳房发育良好、匀称（图1-10），大小适中，成年公牛体重1 100~1 300kg，成年母牛体重600~800kg，母牛产奶量3 000~4 500kg，优良核心种群平均产奶量4 500~6 000kg，平均乳脂率4.15%，平均乳蛋白率3.50%，中国西门塔尔牛为我国自主培育乳肉兼用品种，适应范围广，舍饲放牧均可，产奶性能稳定，乳品质好，公牛增重效果快、产肉性能突出。

图1-10 中国西门塔尔牛

（2）三河牛。由西门塔尔牛、西伯利亚牛、俄罗斯改良牛、塔吉尔牛、瑞典牛等多品种长期杂交培育而成，为中国农产品地理标志，主要分布于内蒙古地区，为呼伦贝尔地区特产，因产于根河、得耳布尔河、哈布尔河而得名，乳肉兼用型，体格高大，毛色多以红白或黄白相间，公牛前躯发达斜尻，母牛后躯发达，乳房附着良好、前后伸展较差，呈盆状，乳静脉粗长弯曲少（图1-11），成年公牛体重700~1 100kg，成年母牛体重550~650kg，母牛平均奶产量5 100kg左右，乳蛋白率平均为3.19%，乳脂率平均为4.06%，三河牛是中国培育的第一个乳肉兼用品种，该牛耐寒、耐粗饲，抗病力强，宜放牧，乳汁风味好，公牛肉质细嫩，赖氨酸含量高。

（3）新疆褐牛。由新疆哈萨克母牛和瑞士褐牛杂交培育而成，于1983年鉴定并命名，2020年5月入选国家畜禽遗传品种名录，主要分布于新疆伊犁、塔城、阿勒泰地区，中心产区为伊犁河谷和塔额盆地，中型乳肉兼用品种，体格中等大小，体质结实匀称，全身被毛褐色，深浅不一，唇边白，多数有灰白色背线，公牛背腰平直，臀部肌肉丰满，母牛乳房中等大，乳头长短适中（图1-12），成年公牛950~1 050kg，成年母牛450~550kg，放牧

图 1-11　三河牛

条件下年平均产奶量为 2 100~3 500kg，舍饲条件下年平均产奶量为 3 500~
6 000kg，乳脂率为 4.00%~4.11%，乳蛋白率为 3.40%~4.00%，公牛增重
快，产肉性能好，肉质细嫩，大理石花纹明显，新疆褐牛适宜放牧，适应
力、抗病性强，耐低温、耐粗饲，是新疆北疆牧区主要养殖品种。

图 1-12　新疆褐牛

3. 水牛品种

（1）兴隆水牛。中国地方水牛品种，役、肉、乳兼用，2020 年 5 月入
选国家畜禽遗传资源品种名录，主要分布在中国海南省，在水牛品种中体型
较大，体质强壮，被毛黑色或黑灰色，胸前或颈下有"V"字形白色带，四
蹄下部呈白色，类似"白色袜子"，母牛大小适中，乳静脉粗大（图 1-

13），成年公牛体重 345～500kg，成年母牛体重 320～460kg，平均产奶量810～950kg，公牛屠宰率 52%，净肉率 42%，兴隆水牛性情温顺，喜泡水，宜放牧，耐粗饲，具有较好的泌乳性能，乳汁浓稠，常以泌乳性能较好的母牛作为乳用奶水牛。

图 1-13　兴隆水牛

　　（2）德宏水牛。役、肉、乳兼用品种，2006 年被列为国家畜禽遗传资源品种名录，主要分布于中国云南省德宏傣族景颇族自治州，体格健壮高大，四肢粗壮结实，皮毛光滑，毛色呈褐色、灰色及黑色，胸前颈下有半月形白色毛圈（图 1-14），成年公牛体重 628kg，成年母牛体重 497kg，年产奶量 400～1 000kg，平均乳脂率为 8.8%左右，德宏水牛抗病力强、耐粗饲，

图 1-14　德宏水牛

乳汁浓稠，乳脂、乳蛋白含量高，营养丰富，用摩拉水牛改良的德宏水牛产奶性能提升显著，可用作乳用奶水牛。

4. 牦牛品种

西藏高山牦牛。2020 年 5 月入选国家畜禽遗传资源品种名录，主要分布于中国西藏自治区东南部高山地区，毛色杂，多以黑色为主，体侧腹部生长长毛，公牦牛鬐甲高，肩峰明显，母牛鬐甲低，头部清秀（图 1-15），成年母牛体重 248kg，泌乳期 150d，产奶量为 138~230kg，乳脂率 6.10%~8.00%，宜制酥油、奶油，西藏高山牦牛适应性强、分布广、数量多，具有耐粗饲特性，是西藏地区的重要畜种，是藏族及高原地区人民制作酥油、奶茶等奶制品的主要来源。

图 1-15　西藏高山牦牛

第二节　奶牛的营养需求

一、干物质需要

干物质是指饲料除去水分后的物质质量占比，干物质采食量（dry matter intake，DMI）是指奶牛每天能够摄入饲料的干物质量，奶牛所处生理阶段不同，干物质采食量不同，精准预测估算干物质采食对于奶牛生长发育、生产和健康具有重要意义，尤其对于泌乳奶牛，日粮干物质营养过剩或是不足，可直接影响奶牛体况以及泌乳性能，干物质采食量受奶牛体重、生理阶段、日粮营养及结构组成、季节环境温度等多重因素影响，因此，不同国家 DMI 预测模型不同。

在我国，不同生理阶段的奶牛 DMI 预测模型也不相同，以中国荷斯坦奶牛为例，非泌乳期处于生长发育阶段的 DMI 预测方程为：

$$DMI（kg/d）= BW^{0.75} \times（0.2435 \times NEM - 0.0466 \times NEM^2 - 0.1128）/NEM$$

泌乳期奶牛 DMI 预测方程通常为：

$$DMI = 0.062 \times BW^{0.75} + 0.4Y$$

上述式中，DMI：干物质采食量（kg/d）；BW：体重（kg）；NEM：日粮维持净能（Mcal/d）；Y：4%标准乳产量（kg/d）。

根据预测方程计算的 DMI 一般作为参考值，生产实践中具体还要根据实际情况灵活运用，可以根据奶牛增重、体况、产奶量、剩料情况等合理增加或降低奶牛 DMI 供应。

二、纤维需要

日粮纤维含量是除奶牛 DMI 之外的又一重要指标，其含量高低能够直接改变奶牛瘤胃内环境和发酵类型，从而影响奶牛营养利用和乳脂率的高低，影响乳脂率的因素并不只有日粮纤维含量，通常把能够维持奶牛乳脂率稳定的纤维含量称为有效纤维，用有效中性洗涤纤维（Neutral detergent fiber，NDF）表示，因此，生产实践中 NDF 被认为是控制奶牛日粮纤维含量的最佳指标，日粮精粗比是调控奶牛日粮纤维水平最简单方便的方法之一，在满足奶牛营养物质需求情况下尽可能多地使用粗饲料来增加相应 NDF 水平，不同生理阶段奶牛日粮 NDF 标准详见表 1-1。

表 1-1　不同生理阶段奶牛日粮 NDF 适宜标准（DMI）

奶牛类型	NDF（g/kg）
高产奶牛（产奶量>30kg/d）	280
中产奶牛（产奶量 20~30kg/d）	320
低产奶牛（产奶量 10~20kg/d）	390
干奶牛	500
青年牛（体重 360~540kg）	500
青年牛（体重 180~360kg）	420
青年牛（体重<180kg）	340

三、常规营养物质需要

1. 能量需要

能量是维持奶牛生长、生产首要且关键的营养因素，奶牛能量摄入过低或过高都会对奶牛健康和生产性能造成不良影响。奶牛能量需要主要由维持能量、生长能量、泌乳能量和妊娠能量四部分组成。

（1）维持能量。维持能量包括基础代谢产热、运动能量消耗和体温调节能量消耗，奶牛基础代谢产热 ［kJ/（d·kg）］与体重（W）呈正相关，其测算公式为：$293 \times W^{0.75}$，奶牛日常运动和行走产生能量消耗，奶牛运动能量（kJ/d）与其自身体重（W）、行走速度（m/s）及行走距离（km）呈正相关，当奶牛行走速度为 1m/s，行走距离为 1km 时，其计算公式为 $364 \times W^{0.75}$，同样，速度行走 5km 时，其计算公式为 $406 \times W^{0.75}$，行走速度为 1.5m/s 时，行走 1km 和 5km 的计算公式分别为 $368 \times W^{0.75}$ 和 $418 \times W^{0.75}$。

环境温度对奶牛体温调节、能量消耗起到重要调控作用，低温时，奶牛需要增加额外能量消耗维持正常体温，高温时，奶牛需要散热维持正常体温，机体产热亦会增加。综上所述，结合我国奶牛饲养标准实际，推荐乳用成年母牛的维持能量为基础代谢产热加 20% 行走能量消耗，考虑其他因素，为方便计算，在此基础上还需增加 10%~20% 的能量才能满足奶牛维持能量需要。

（2）生长能量。生长能量等于奶牛日增重乘以单位增重能量，受到品种、年龄、性别、增重等多种因素影响，我国奶牛生长牛增重的能量计算公式为：增重能量乘积（MJ）= 4.184×日增重×（1.5+0.0045×体重）/（1-0.3×体重），式中体重与日增重单位为千克（kg）。

（3）泌乳能量。泌乳能量是指牛奶中的能量，与乳糖、乳脂、乳蛋白等成分含量相关，中国奶牛牛奶能量计算公式为：

乳能量（MJ/kg）= 0.0388×乳脂含量（g/kg）+0.0164×乳蛋白含量（g/kg）+0.0055×乳糖含量（g/kg）

当采用乳总固形物含量计算时，其计算公式为：

乳能量（MJ/kg）= 0.0249×乳总固形物含量（g/kg）-0.166

（4）妊娠能量。妊娠能量指奶牛沉积在子宫中和胎儿体内的能量，胎儿 70% 的体重增重发生在分娩前的 3 个月，我国奶牛妊娠能量需要通常按泌乳净能的 4.87 倍计算，分泌前的 3 个月在维持基础上分别增加 7.113MJ、

12.552MJ 和 20.920MJ 的能量用来满足妊娠需要。

2. 蛋白质需要

蛋白质是奶牛维持生长生产及生命活动不可获缺的重要物质，奶牛机体蛋白质来源主要包括瘤胃合成的微生物蛋白质和未被消化的饲料过瘤胃蛋白，通常以粗蛋白、可消化蛋白质或小肠可消化蛋白质来评价饲料蛋白质营养和确定奶牛能量蛋白质需要量，泌乳牛的蛋白质需要主要包括维持蛋白质需要、泌乳蛋白质需要和妊娠蛋白质需要。

维持蛋白质需要以粗蛋白计，泌乳牛每天需要的蛋白质（g）为 $4.2×W^{0.75}$，以小肠可消化蛋白质计，泌乳牛每天需要的蛋白质（g）为 $3.5×W^{0.75}$，上述式中代谢体重 W 单位为千克。

泌乳蛋白质需要等于分泌乳蛋白除以摄入蛋白质的泌乳转化效率，推荐的乳蛋白率（%）计算公式为：乳蛋白率（%）= 2.36 + 0.24×乳脂率（%），我国饲料可消化粗蛋白的泌乳转化效率为 0.6，小肠可消化蛋白的泌乳转化效率为 0.65。

妊娠蛋白质需要等于子宫胎儿沉积蛋白质除以摄入蛋白质的转化效率，根据我国奶牛饲养标准规定，奶牛饲料可消化粗蛋白的妊娠转化效率为 0.65，小肠可消化粗蛋白的转化效率为 0.75，以此计算，分娩前 3 个月奶牛妊娠蛋白质需要推荐量按饲料可消化蛋白质计，每天分别需要 84g、132g、194g。

3. 矿物质需要

奶牛需要的矿物质主要包括常量元素和微量元素两部分，常量元素有钙、磷、钠、氯、钾、镁等，微量元素有铁、铜、钴、锌等，常量元素含量高，其对维持奶牛机体生长发育和健康具有重要作用，微量元素具有机体催化反应或者激素合成作用，要充分保证常量元素、微量元素的供应平衡，缺少或过量会造成奶牛生长发育受阻、产奶和繁殖性能下降，导致奶牛发病率增加。

（1）常量元素。钙、磷主要存在于奶牛机体骨骼、牙齿和乳中，钙、磷沉积比一般为 2 : 1，我国奶牛钙磷维持需要量每千克体重分别为 0.06g 和 0.03g，钠、氯是盐的主要成分，我国泌乳奶牛食盐推荐使用量为每千克体重 0.03g，泌乳奶牛日粮食盐最佳占比为 0.46%，非泌乳牛减半，推荐泌乳奶牛日粮干物质钾、镁含量分别为 0.9% 和 0.2%。

（2）微量元素。我国奶牛微量元素的推荐使用量详见表 1-2。

表1-2 我国奶牛微量元素建议用量表

元素种类	建议用量（日粮 DM 水平，mg/kg）
铁	50~100
铜	4~10
钴	0.1
锌	30~63
锰	40
碘	0.33
硒	0.3

4. 维生素需要

维生素具有参与奶牛机体物质合成、代谢的功能，对奶牛机体生长、生产、泌乳、繁殖及健康具有重要作用，分为脂溶性维生素和水溶性维生素，脂溶性维生素有维生素 A、D、E、K，水溶性维生素包括 B 族维生素和维生素 C，作为草食家畜，奶牛水溶性维生素能够从饲料或牧草中获取，瘤胃微生物能够合成维生素 K 和 B 族维生素，维生素 A、D、E 等则需要通过日粮添加获取，我国奶牛推荐维生素量详见表1-3。

表1-3 我国奶牛维生素建议用量表

维生素种类	建议用量
维生素 A	7 600IU/100kg 体重
维生素 D	3 000IU/100kg 体重
维生素 E	15~16IU/kg 日粮（DM）

5. 不同阶段奶牛营养需要

我国奶业科研工作者结合中国奶牛饲养标准和我国现有饲料条件，以北京、河北周边奶牛场为对象，分析测算出牛场奶牛全混合日粮（Total Mixed Ration，TMR）的营养成分（表1-4），为指导奶牛日粮配方提供参考。

表1-4 不同阶段奶牛 TMR 营养水平（DM）

营养水平	干奶牛	泌乳盛期	泌乳中期	泌乳后期	后备牛
DMI（kg）	13~14	23.5~25	22~23	19~21	8~10
NEL（MJ/kg）	5.80	7.00~7.40	6.70~7.00	6.30~6.70	5.40~5.90

（续表）

营养水平	干奶牛	泌乳盛期	泌乳中期	泌乳后期	后备牛
EE（%）	1.70~4.80	4.20~6.45	4.20~6.20	2.60~5.50	2.30~3.70
CP（%）	11~14	16~18	14~16	13~15	12~15
RDP（%）	75	62~64	62~66	62~66	68
RUP（%）	25	34~38	3~38	34~38	32
NDF（%）	48~68	35~45	41~50	43~55	50~70
ADF（%）	23~40	19~27	22~30	25~35	26~41
Ca（%）	0.48~0.88	0.75~1.27	0.85~1.20	0.70~1.13	0.65~1.03
P（%）	0.15~0.57	0.35~0.56	0.34~0.54	0.41~0.60	0.30~0.56
Mg（%）	0.16	0.28~0.34	0.25~0.31	0.22~0.28	0.11
K（%）	0.65	1.2~1.5	1.2~1.5	1.2~1.5	0.48
Na（%）	0.1	0.2~0.25	0.2~0.25	0.2~0.25	0.08
Cl（%）	0.2	0.25~0.30	0.25~0.30	0.25~0.30	0.11
S（%）	0.16	0.23~0.24	0.21~0.23	0.2~0.21	0.2
Co（mg/kg）	0.11	0.2	0.2	0.2	0.11
Cu（mg/kg）	16	11~25	11~25	11~25	10
I（mg/kg）	0.50	0.88	0.60	0.45	0.30
Fe（mg/kg）	20	100	100	100	40
Mn（mg/kg）	21	44	44	44	14
Se（mg/kg）	0.30	0.30	0.30	0.30	0.30
Zn（mg/kg）	26	70~80	70~80	70~80	70~80
VA（IU/d）	100 000	100 000	50 000	50 000	40 000
VD（IU/d）	30 000	30 000	20 000	20 000	13 000
VE（IU/d）	1 000	600	400	400	330

资料来源：卢德勋，2006。

第三节　奶牛的饲养管理

奶牛在不同生理阶段饲养管理是不同的，奶牛不同生理阶段如图1-16所示，按照此阶段设置奶牛饲养管理能够为奶牛健康养殖提供丰富的营养。

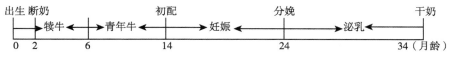

图 1-16　奶牛生理阶段划分图

一、犊牛的饲养管理

初生至 6 月龄的牛称为犊牛，按照饲养管理阶段可以划分为初生犊牛阶段、哺乳犊牛阶段和断奶犊牛阶段，本阶段最重要的任务就是培育健康高质量的犊牛，保证犊牛获得足够的营养物质满足其生长，促进其瘤胃发育，为提高成年奶牛培育质量和生产性能奠定良好基础。

1. 初生犊牛饲养管理

犊牛出生前，奶牛母体子宫内相对稳定的生长环境和营养物质供应能够为胎儿生长发育提供良好条件，但由于母体胎盘屏障作用胎儿不能从母体获得免疫球蛋白，出生后的犊牛要经历环境温度、营养物质摄取和免疫力获取的剧烈变化，初生犊牛肠道黏膜具有能够吞噬初乳中免疫球蛋白的能力，犊牛获得免疫球蛋白越多其自身免疫力就越高，低温、营养物质摄入不足和免疫力低下是造成犊牛发病率高和死亡率高的主要因素，对于初生犊牛的饲养管理最重要的工作就是做好保温和饲喂初乳工作。还要注意以下细节：

（1）清理黏液。犊牛出生后要及时清理口腔、鼻孔内的黏液，防止吸入造成犊牛窒息或者肺炎，外界环境温度较低时，及时擦干犊牛体表残留羊水和黏液，以免受凉，温度更低时，将初生犊牛转移至暖圈，做好保温工作。

（2）断脐带。使用消毒手术剪剪短脐带，留长 10~12cm，使用碘伏等对创口进行消毒。

（3）称重记录。称重并记录，建立犊牛档案。

（4）饲喂初乳。母牛分娩后初次获得的乳汁称为初乳，初乳较常乳不仅营养物质含量高，还含有大量的免疫球蛋白，能够为初生犊牛提供营养物质和免疫力，高质量且足量的初乳是犊牛成功获得被动免疫力的关键，高质量初乳的 IgG 含量应大于 25mg/mL，出生 1h 内灌 2~3L 初乳，6~10h 内再次灌喂 2~3L，初乳温度要水浴控制在 35℃ 左右，切记灌服带有乳房炎或者其他传染性疾病母牛的初乳，犊牛血清中 IgG 含量大于 10mg/mL 时，即获得免疫成功。

2. 哺乳犊牛的饲养管理

初乳饲喂后，犊牛获得免疫力会随着哺乳期的推进逐渐下降，哺乳期是犊牛发病率最高阶段，3~8周又是犊牛瘤胃发育黄金期，犊牛面临从采食液体饲料到固体饲料的应激，犊牛出现反刍，从单胃消化逐渐过渡变成复胃消化，此阶段培养目标就是为犊牛提供充足营养物质，保证犊牛 0.7~1.0kg 的日增重，尽可能地降低犊牛腹泻和肺炎发病率，保证犊牛成活率达 95% 以上。

（1）喂奶。采用常乳或者代乳粉，哺乳量一般为犊牛体重的 10%，每天 2 次，每次饲喂 2~3L，对于哺乳犊牛要保证定温、定时、定人、定量，使用奶瓶或者奶桶饲喂要及时清洗并消毒，防止细菌滋生，造成犊牛腹泻。

（2）开食。尽早让犊牛开食，训练犊牛采食固体颗粒料和优质青干草，不仅能有效节约培育成本，还能促进犊牛瘤胃肠道发育，有效降低牛发病率和死亡率，出生后 1~3 周内提供开食料、苜蓿草或者优质青干草，自由采食，勤换料。

（3）断奶。犊牛断奶没有固定要求，生产中荷斯坦犊牛一般都是在 8 周左右断奶，也可根据采食量和体重断奶，犊牛采食固体饲料达到 1kg 以上、体重达到出生两倍体重即可断奶。

（4）疾病防控。定期对哺乳期犊牛圈舍环境进行消毒，日常多注意观察犊牛精神状态，对于精神萎靡、采食下降、拉稀、咳喘的犊牛要早发现、早干预、早治疗，按规定接种相关疫苗。

3. 断奶犊牛饲养管理

犊牛断奶后会出现断奶应激，断奶初期会出现增重下降、精神萎靡、行动迟缓等现象，多注意观察，防止因断奶造成发病率上升，后随着犊牛采食量的增加，会发生好转，采取混群饲养，定期对犊牛进行称重并记录，做好免疫接种，断奶至 6 月龄的犊牛培育目标为日增重达到 0.75~1.0kg，成活率达 98% 以上，此阶段犊牛推荐日粮配方及营养成分见表1-5。

表1-5 断奶犊牛推荐日粮配方及营养成分（DM）

日粮组成	占比（%）
玉米	27
豆粕	10
棉粕	2

（续表）

日粮组成	占比（%）
菜籽粕	2
麦麸	3
食盐	0.5
DDGS	4
磷酸氢钙	0.5
石粉	0.5
预混料	0.5
全株玉米青贮	10
干草	20
苜蓿	20
营养成分	**含量（%）**
产奶净能（MJ/kg）	6.8
CP	17.3
NDF	33.85
ADF	20.87
Ca	0.84
P	0.46

二、育成牛的饲养管理

7 月龄至初次产犊的奶牛统称为育成牛。此阶段牛采食量大、生长发育快，育成牛的初配体重和初产体重与泌乳性能密切相关，生长速度和增重水平过低（日增重≤0.4kg/d），会延迟母牛发情、配种、产犊、泌乳，生长过快（日增重≥0.9kg/d），会导致母牛发情过早，较大的日增重会导致母牛体内脂肪沉积，对乳房乳腺发育不利，从而影响成年泌乳性能，此阶段的培育目标就是使育成牛获得最佳的生长速度，使其获得理想的泌乳体型，育成牛生长理想体重见表 1-6。

表1-6 育成牛生长理想体重

类别	占成年母牛体重比（%）
初配	55
初产	85
二胎	92
三胎	96

（1）分群。根据体重和月龄进行合理分群，对于体重较轻的奶牛采取分开饲养。

（2）制定饲养计划。设定牛群生长和增重目标，制定各阶段日粮组成和营养。

（3）称重记录。定期称重测体尺，记录相关数据，根据增重调整日粮配方。

（4）初配。体尺达到规定标准，体重达到成年55%以上可以进行初次配种，记录配种日期，方便推断预产期，配种后2个月进行妊娠诊断。

（5）运动。保证怀孕母牛自由活动，促进机体健康和胎儿发育，避免妊娠母牛受到刺激惊吓和剧烈运动，有条件对母牛进行乳房按摩。

（6）待产。生产前3个月，增加相应日粮精料水平，保证后期胎儿生长需要，一般为0.5~1kg，注意控制母牛增重和体况，体况过瘦，不利于胎儿发育和泌乳，过胖，引起难产及产后营养代谢病，产前2~3周，将妊娠母牛转入围产圈，进行围产期护理，围产期为防止奶牛乳房水肿或者产后钙代谢异常，采用低钙、低钾日粮，产前2~3d转入安静、干净、清洁、消毒后的产房。此阶段饲养目标是控制母牛体况和生长，使母牛获得理想增重和体型，体况评分3.2~3.6，妊娠前后推荐日粮配方及营养成分见表1-7。

表1-7 育成牛妊娠前后推荐日粮配方及营养成分（DM）

日粮组成	妊娠前（%）	妊娠后（%）
玉米	26	27
豆粕	5	7
棉粕	3	4
菜籽粕	6	3
麦麸	4	4
食盐	0.5	0.3

（续表）

日粮组成	妊娠前（%）	妊娠后（%）
DDGS	4	3
磷酸氢钙	0.5	0.5
石粉	0.5	0.7
预混料	0.5	0.5
苜蓿	20	10
全株玉米青贮	15	20
干草	15	20
营养水平（%）		
净能（MJ/kg）	5.87	6.01
CP	15.86	15.73
NDF	40.63	36.54
ADF	24.42	21.56
Ca	0.67	0.62
P	0.48	0.46

三、泌乳牛的饲养管理

　　泌乳牛的饲养管理分为围产期、泌乳盛期、泌乳中期、泌乳后期和干奶期共5个阶段（图1-17），此阶段的饲养目标是提高奶牛泌乳性能和经济效益，维持泌乳奶牛正常体况和健康。

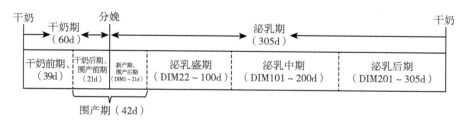

图1-17　泌乳牛生产阶段图

　　（1）围产期。母牛产前2~3周至产后2~3周称为围产期，围产期奶牛体质脆弱、易发疾病，会因产犊和泌乳导致奶牛产生较大应激和生理剧烈变化，是疾病高发期。产前，除减少日粮中一半的钙、钾用量，每头母牛还需持续增加精料到5~7kg/d，同时增加日粮维生素D、维生素E用量，可以帮助母牛产后体况恢复。产后母牛机体体质弱、体力和机体抵抗力下降，要做好母牛产后护理工作，产后要尽早使母牛站立，及时观察母牛胎衣排除情况，以恢复体力为主，产后2~3d给予优质青干草和少量精料，产后母牛尽量饮用温水，保证充足饮水，产后2~3周的母牛尽量多喂优质青干草，饲喂量不低于体重的0.5%，日粮中可以补喂烟酸，提高日粮钙水平，控制青贮用量，精粗比55：45为宜。

（2）泌乳盛期。围产后至产后100d为泌乳盛期，此阶段奶牛体重持续下降，产奶量逐渐增加至高峰，此阶段的饲养目标是尽可能提高奶牛采食量，减少奶牛因能量负平衡造成的体况下降，保证体况评分在2.5以上，提供充足的日粮，日粮精粗比60：40为宜，日粮蛋白水平17%~18%，NDF水平高于25%，钙含量0.8%~0.9%，磷含量0.4%~0.45%，必要时添加过瘤胃氨基酸和过瘤胃蛋白，延长采食时间，严格控制饲养密度，增加卧床舒适度和按摩次数，控制环境，减少应激。

（3）泌乳中期。产后第101~200d为泌乳中期，此阶段奶牛干物质采食量增加至最高峰，此阶段奶牛体重、体况逐渐恢复，此阶段奶牛饲养目标是减缓产奶量下降，恢复奶牛体况，体况应达到3.0~3.25，调整日粮精粗比50：50，为维持正常瘤胃机能和乳脂率，可适当提高日粮干草或者秸秆含量。

（4）泌乳后期。产后第201d至干奶期（305d）这一阶段，此阶段产奶量继续下降，下降幅度大，此阶段奶牛饲养目标是恢复并调整体况，为干奶期做准备。根据奶牛产奶量的下降，持续降低精料水平，调整日粮精粗比为40：60，控制奶牛体况在3.25~3.5，过瘦奶牛下一泌乳阶段营养储备不足，影响胎儿正常发育，太胖容易造成繁殖机能障碍和营养代谢病发生。

（5）干奶期。产前60d停止产奶，这段时间为干奶期，此阶段由于胎儿发育奶牛体重持续增加，所以，饲养目标是保证胎儿正常发育条件下控制奶牛体况，体况评分应保持在3.5~3.8，过胖会增加母牛难产和繁殖疾病，由于脂肪的沉积，产后容易引发酮病，此阶段增加日粮精料水平的同时加强奶牛运动，促进奶牛代谢和胎儿发育，为产犊和下一个泌乳周期做好准备。奶牛泌乳各泌乳阶段推荐日粮配方和营养成分见表1-8。

表1-8 奶牛不同泌乳阶段推荐日粮配方及营养成分（DM）

日粮组成	泌乳盛期（%）	泌乳中后期（%）	干奶期（%）
玉米	26	24	24
豆粕	8	5	5
棉粕	6	6	4
菜籽粕	—	4	2
甜菜粕	2	—	—
麸皮	5	5	5
DDGS	4	5	3
过瘤胃脂肪	1	—	—
全棉籽	2	—	—
食盐	0.5	0.5	0.5
磷酸氢钙	—	0.5	0.5
石粉	—	0.5	0.5
预混料	0.5	0.5	0.5
小苏打	—	1	—
全株玉米青贮	25	18	15
苜蓿	10	15	15
干草	10	15	25
营养成分（%）			
产奶净能（MJ/kg）	7.26	6.31	5.65
CP	17.4	16.82	14.63
NDF	30.2	35.18	40.43
ADF	21.4	22.1	24.43
Ca	0.85	0.76	0.68
P	0.47	0.49	0.42

第四节 乳用水牛及牦牛的饲养管理

一、水牛饲养管理

（1）妊娠期饲养管理。与妊娠奶牛不同，水牛妊娠前8个月不需要额外增加日粮营养水平，体况较差偏瘦的泌乳水牛可以在妊娠后期酌情补饲精料，妊娠最后 1 个月至分娩，应增加精料水平，保证胎儿生长发育需要。水牛妊娠期放牧过程中要注意避免受到驱赶、惊吓，防止引发流产。

（2）围产期饲养管理。围产期水牛体况中等为宜，过胖过瘦都会对水牛泌乳性能、繁殖性能和健康造成不利影响，产前严格控制青贮用量，适当补充微量元素和矿物质，生产后给予温盐水，饲喂优质青干草或者易消化粗饲料，控制精料水平，产后 3~4d 内水牛挤奶切记不要挤净，产后 1 周，逐渐调整日粮，增加日粮营养水平和饲喂量，促进产奶量提升。

（3）泌乳母牛饲养管理。围产期后即进入泌乳期，和泌乳期奶牛饲养管理相似，要充分保证其干物质采食量和营养水平的供应，日粮精粗比 50：50 为宜，增加日粮粗蛋白水平到 17% 左右，夏季注意防暑热应激，冬季注意防贼风和做好保温，减少环境对产奶性能的不良影响。水牛易敏感，挤奶需要调教和温和操作，产犊后 30~60d，注意观察水牛发情情况，适时配种提高受胎率。

二、牦牛饲养管理

牦牛多以放牧为主，春季气温回升，牧草较差时可适当延长放牧时间，牧草茂盛时，控制其采食量，防止发生腹泻，同时，注意温差较大产生冷应激；夏季放牧可挑选凉爽或者通风良好的地区，提供自由饮水，避免高温放牧，防止发生热应激和中暑；秋季放牧以抓秋膘为主，尽可能提高牦牛体况以应对冬季低温，选择牧草丰富地区，牧草较差或者环境温度过低不利于增重，可适当补饲精料；冬季可以采取背风向阳的位置放牧，或者舍饲饲喂青干草，做好防寒保暖，增加精料补充，改善母牛体况，全年放牧过程中要定期补盐和矿物质，做好驱虫和疾病防控工作，提高牦牛的生产性能和繁殖性能。

（1）牦牛犊牛饲养管理。犊牛出生 1h 内保证初乳饲喂，寒冷季节做好保温工作，尽量让犊牛自行站立吃初乳，如无法站立则采用人工灌服初乳，每隔 6h 灌服一次，灌服时注意初乳温度控制在 35℃ 左右，每天饲喂 2~3 次，一般哺乳期为 56d，奶量不够可使用代乳粉或者乳清粉，要保证犊牛生长发育营养需要。

（2）牦牛母牛饲养管理。针对妊娠后期或者围产期母牛，除日常放牧外，还应补饲一些优质易消化的青干牧草、精料，放牧妊娠母牛尽量和其他牛群分开，防止碰撞造成流产，产后给母牛饮用含麸皮、少许青稞淀粉的温盐水，产犊一周内以提供优质青干牧草为主，防止出现消化道疾病，对于泌乳期的母牛要提供充足日粮和精料营养水平，提高精料蛋白、微量元素、矿物质水平，牦牛通常野性较强、敏感易怒，人工挤奶时要采取绑腿措施，动作要轻柔，防止母牛受到惊吓。

第五节　奶牛饲养环节的质量控制

一、饲养场环境卫生控制

奶牛饲养环境直接影响原料乳卫生质量，若奶牛运动场、挤奶车间地面长期潮湿，圈舍通风不好，特别是粪便清理不及时、不充分，牛体和牛舍卫生就很难保持清洁，导致乳房炎等相关疾病的发生，引起原料乳中细菌总数和体细胞数升高，从而影响原料乳的卫生指标。奶牛场场址的选择和布局应按照《标准化奶牛场建设规范》（NY/T 1567—2007）和《奶牛标准化规模养殖生产技术规范》实行，奶牛场的卫生应符合《奶牛场卫生规范》（GB 16568—2006）的规定。粪便应按照《畜禽粪便无害化处理技术规范》（GB/T 36195—2018）的规定处理。

（1）牛场要保持清洁，定期进行消毒。场区消毒范围包括场区内各条道路及道路两侧，运动场使用3%火碱；圈舍（夹杠、槽道、地面、墙壁）及牛体消毒，消毒药主要是浓度为0.2%的过氧乙酸（牛舍内及墙壁）和1∶800消毒威溶液。

（2）牛舍建筑应坚固耐用，宽敞明亮，通风良好，具备良好的排粪排水系统。在牛舍外设运动场，并和牛舍相通，每头牛占用面积20m² 左右。运动场地要平坦，有一定的坡度，四周建排水沟。场内要有遮阳棚、饮水槽、矿物质补饲槽和干草补饲槽。

（3）运动场有专人清除粪便，排出污泥积水，实行人工和机械化共同操作。冬季运动场内垫碎麦秸，夏季垫沙土，并定期清理，及时更换。牛舍内每班都要清除粪便等污物，要保持通风良好。

（4）牛舍和运动场周围种树、种草、种花，美化环境，改善牛场小气候。

二、饲养管理控制

良好的奶牛饲养管理是保证奶牛健康和奶牛生产优质原料乳的基础。奶牛发病后尤其是患乳房炎后，可能导致原料乳中药物残留、病原体、体细胞数会增加，使奶牛所产原料乳质量下降，并使与之混合的其他原料乳卫生指标也受影响。针对以上问题，采取如下措施对奶牛进行饲养管理。

（1）奶牛场各饲养阶段的奶牛应分群管理，饲喂、挤奶时间不轻易变动。

（2）每班饲喂后都要清槽。

（3）严格执行防疫、检疫和其他兽医卫生制度，定期进行消毒，建立系统的奶牛病例档案。春秋各进行一次检蹄、修蹄。

（4）坚持每天刷拭牛体，以保持牛体清洁和奶牛舒适，但刷拭牛体后不要立即挤奶。

（5）给奶牛创造健康的生长环境，减少细菌、病毒的感染机会，废弃的头把奶要挤入桶中，最后进行生态无害化处理。

（6）每月以 BMT 检测乳房炎一次，乳房炎的高发季节（7、8、9月）每半月测一次。对乳房炎和 BMT 检测 "++" 以上的牛，如乳房炎症状表现不明显，乳汁无明显感官改变，可用抗生素药物治疗，舍内护理。对乳房炎症状明显，乳汁发生改变的乳房炎患牛，尽早转入病牛舍，使用敏感抗生素治疗，必要时采用全身疗法。

（7）对每月 DHI 报告中列出的体细胞数在 70 万个/mL 以上的奶牛，做临床检查和 BMT 检测，以保持牛群处于良好健康状态。

（8）疾病治疗期间及停药 7d 内应将原料乳单独处理，并注意病牛的隔离和消毒，以保证牛奶的安全。

（9）干奶期治疗乳房炎。干奶期治疗乳房炎具有很多优点，如不会产生抗生素残留奶，受损害的乳腺组织容易恢复等。对患有临床型乳房炎的个别乳区，进行二次干奶，其乳房炎发病率明显降低。

（10）正确注射疫苗使奶牛机体产生特异性抗体并保持在较高水平，可有效保护奶牛免受相应病原体侵染。抓好消毒工作，防止病原体的传入和繁殖。

（11）提供良好的饲养环境，供给全混合日粮和清洁饮水，确保奶牛机体非特异性抵抗力始终处于正常状态。

第二章

奶牛繁殖管理

第一节 奶牛生殖生理

一、奶牛生殖器官

母牛的生殖器官包括卵巢、输卵管、子宫、阴道和外生殖器官。内生殖器官位于骨盆腔和腹腔内。上面是直肠和小肠，下面是膀胱。

1. 卵巢

卵巢的作用是产生卵子分泌雌激素和孕酮。牛卵巢位于子宫角尖端外侧的下方，初产和胎次少的母牛，均在耻骨前缘之后。胎次多的母牛，子宫角因胎次多逐渐沉入腹腔，卵巢也随之前移至耻骨前缘的前下方，左右各有一个卵巢。牛的卵巢为稍扁的椭圆形，附着在卵黄系膜上。中等大小的牛，卵巢平均长 2~3cm，宽 1.5~2cm，厚 1~1.5cm。

卵巢是卵泡发育和排卵的地方。它的主要功能是产生卵子和排卵；分泌雌激素和孕酮。卵巢皮质部分分布着许多原始卵泡，经过各个发育阶段，最终释放卵子。在卵泡发育过程中，卵泡细胞周围的两层卵巢皮质基质细胞形成卵泡膜，卵泡膜分为内膜和外膜。排卵后，初级卵泡中形成黄体，黄体可以分泌孕酮（维持妊娠必需的激素之一）。

2. 输卵管

输卵管是一对多弯曲的细管，位于每侧卵巢和子宫角之间，由子宫阔韧带外缘形成的输卵管系膜所固定。输卵管可分三部分，管的前端接近卵巢，扩大呈漏斗状或伞状，称为漏斗或伞部；伞部后面的输卵管较粗，叫作壶腹部，约占输卵管长度的 3/4，是卵子和精子受精的部位；输卵管后部较细，称为峡部，峡部与子宫角相连。

输卵管承纳并运输卵子、精子和早期胚胎。卵巢排卵后，卵子被输卵管伞接纳，借助输卵管蠕动将卵子运送到壶腹部；同时将精子反向由峡部向壶腹部运送。是精子获能、卵子受精及卵裂的场所。精子在受精前，需要有一个"获能"过程，除子宫外，输卵管也是精子获能的部位；此外，输卵管壶腹部是精子和卵子受精的唯一场所。为早期胚胎提供营养。主要分泌黏蛋白和黏多糖分泌物。它是精子、卵子和胚胎的早期培养液，分泌作用受激素调节。

3. 子宫

子宫借助子宫阔韧带悬于腰下，背侧是直肠，腹侧为膀胱，前接输卵管，后通阴道，两侧为骨盆腔侧壁。由子宫角、子宫体和子宫颈组成。两侧子宫角基部有纵隔将两角分开，为对分子宫，呈绵羊角伞。子宫角的尖端细，基部粗；子宫体短，内膜上有许多半圆形隆起，称为子叶，怀孕后发育成母体胎盘；子宫颈发达，壁厚硬，长 6~10cm，粗 2.5~4cm，直肠检查时容易摸到。母畜发情配种后，子宫颈口张开，有利于精子逆流进入，并可阻止死精子和畸形精子进入。大量精子贮存在子宫颈隐窝内。

4. 阴道

阴道上为直肠，下为膀胱和尿道，两侧为骨盆腔侧壁。阴道为一扁平裂隙，前端为一拱形大腔，叫阴道穹窿，有子宫颈阴道部突出其中；后端与尿生殖前庭相接。阴道为母畜交配器官，也是胎儿产出的通道。

5. 外生殖器官

外生殖器官为阴道至阴门之间的短管，前高后低，稍倾斜。前庭与阴道以尿道口为界，既为母畜交配、胎儿产出的通道，又为母畜排尿器官。阴唇是雌性生殖器官的最末端。阴唇分左右两片，外面为皮肤，内为黏膜，富含脂肪和弹性组织。阴蒂是阴门下角有一豌豆形突起物，阴门与肛门之间为会阴部。

二、初配年龄

奶牛初配年龄的选择对于生长发育、生产性能的发挥都有着重要的影响作用，有的养殖场在奶牛达到性成熟后即让其参与配种，实际上，奶牛的性成熟要早于体成熟，过早地参与配种会影响奶牛身体的发育，影响终身的繁殖性能。

1. 性成熟

奶牛性成熟是指性器官和第二性征已经发育完善，母牛可以生产出成熟的卵子，公牛的睾丸可以产出成熟的精子，母牛在参与配种后可以成功受孕，完成妊娠和分娩的过程。一般奶牛性成熟的年龄在 8~12 个月，虽然奶牛已经性成熟，但是，身体各器官还处于生长发育的阶段，过早的参与配种会影响到自身的生长发育，不仅影响今后的生产性能，甚至还会影响终身的繁殖力，影响到犊牛的生长发育，因此，奶牛在性成熟后不应立即参与配种，要等体成熟后，一般在第 2~3 个发情期时再配种。

2. 体成熟

体成熟是指奶牛的骨骼发育、器官发育、肌肉增长等都基本完成，并且具备了奶牛应有的结构和形态。奶牛体成熟与性成熟取决于奶牛的品种、年龄、饲养管理、季节、个体发育等，一般小型品种的奶牛的成熟要早于大型品种，饲养管理条件好的奶牛要早于饲养管理差的，因此，要灵活地确定奶牛的初配年龄，根据实际的养殖情况来确定，不宜过早，也不宜过晚。

三、奶牛生理指标

1. 体温

奶牛属恒温动物，健康成年奶牛体温的正常生理指标为 38~39℃，变动范围在 37.5~39.5℃；犊牛体温的正常生理指标为 38.5~39.5℃，变动范围在 38.3~40.0℃。奶牛正常体温同样受各种因素影响。奶牛体温在昼夜内略有变动，一般是早晨低，下午高，温差变动在 0.5~1.0℃。如果天热日晒或在驱赶运动后，有时体温会升高 1.5℃ 以上。奶牛的体温在天热比天寒高，采食后比饥饿高，妊娠末期比初期高，但一般均不超过变动范围的上限。一般来说，奶牛体温高于或低于正常生理指标的变动范围，说明奶牛患有某种疾病。但也有体温正常而患病的情况，如某些瘤胃病和肠道寄生虫病等。

2. 脉搏

脉搏是指奶牛心脏的跳动，又叫心跳。正常情况下，脉搏反映了奶牛心脏的活动情况和血液循环情况。奶牛的心跳与脉搏是相一致的，即心脏每跳动 1 次就会产生 1 次脉搏。健康成年奶牛脉搏的正常生理指标为每分钟 40~80 次，犊牛为 80~110 次。脉搏同样受许多因素的影响，一般地说，公牛（36~60 次/min）较母牛慢，成年较幼年慢，冬季较夏季慢，早晨较下午慢，休息时较运动慢，易于受惊，特别是神经敏感的牛，心跳大多较快。因此，听心跳或诊脉时，应使病牛安静，待喘息平定后再进行检查。

3. 呼吸

奶牛机体通过呼吸进行气体交换，吸进新鲜氧气，呼出二氧化碳，维持正常生命活动。健康成年奶牛呼吸的正常生理指标为每分钟 12~28 次，犊牛为 30~56 次。奶牛呼吸次数的增加与减少都是判定奶牛是否患病的重要标志。

奶牛呼吸次数的检查通常是观察腹部起伏运动，腹部的一起一伏是 1 次呼吸。在冬季，也可观察奶牛呼出的气流，呼出 1 次气流，是 1 次呼吸，还可以把手背放在鼻孔前边，感觉呼出的气流。如果用听诊器，可以在奶牛肺部听诊区听诊，则能得到准确的呼吸次数。一般情况下，当奶牛饱食或活动后，以及天热、受惊兴奋时，都可使呼吸加快，这属于正常的生理现象。除检查呼吸次数情况外，奶牛的呼吸检查还包括呼吸式、呼吸节律、呼吸困难、咳嗽这几种情况。

4. 消化系统

瘤胃内容物的 pH 值为 5.5~7.5，一般 pH 值为 6~6.8。夜间低于白昼，早饲前 pH 值为 7.0~7.5，饲后 2h 后 pH 值变为 6.6~6.8。瘤胃内温度通常 39~42℃，稍高于牛正常体温。健康牛瘤胃蠕动 1~3 次/min。瘤胃蠕动平均次数：喂料时约 2.8 次/min，反刍时约 2.3 次/min，休息时约 1.8 次/min。饲喂后 30~60min 后开始反刍，每昼夜反刍 6~8 次，每次反刍持续时间 40~50min，每昼夜反刍时间可达 6~8h。嗳气 17~20 次/h。一般每昼夜分泌唾液 100~200L，高者 250L。正常成牛排粪 10~15 次/d，排粪量为 15~25kg/d；排尿 8~10 次/d，尿量为 8~12L。

5. 生殖系统

母牛发情周期平均值为 21d，变化范围为 18~24d；母牛发情持续时间为 18h，变化范围为 10~24h；母牛排卵一般在发情后 11h，变化范围为 5~16h；母牛妊娠期平均为 280d，变化范围为 275~285d。

6. 发情周期

发情周期可以分为：①发情前期（2d）：卵泡生长和前次情期后黄体退化的初期。②发情期（12~18h）：雌性动物接受雄性动物交配的阶段。③发情后期（2~3d）：排卵在发情后期开始；排卵处形成黄体（红体）。通常在第 2 天或第 3 天在子宫排泄物中有血丝。④间情期（15d）：通常叫作黄体期。到第 7 天或第 9 天黄体充分形成。到第 16 天如果没有妊娠黄体退化，如果已经妊娠则黄体埋植于卵巢中。在妊娠母牛，黄体可能最终达到整个卵巢体积的 2/3~3/4。

7. 生产周期

奶牛的生产周期可分为干奶期、围产期、泌乳盛期、泌乳中期和泌乳后期 5 个阶段切。其中干奶期是指奶牛自泌乳停止日期至分娩日期之前，持续时间大约 60d。泌乳盛期、泌乳中期和泌乳后期是奶牛产奶最主要的阶段，大约持续 280d。围产期是介于干奶期和泌乳盛期之间的一个阶段，而围产前期基本处在干奶期之中。不同的学者对奶牛围产期的划分持有不同的意见。国外学者对围产期的时期划分可长达 4 个月，而国内学者划分相对较短。围产期是奶牛临产前后一个重要阶段，并没有严格的时间界限，大约为一个半月，临产前称为围产前期，产后阶段称为围产后期。

8. 围产期奶牛血液代谢和激素变化

血糖浓度是衡量机体能量是否平衡的一个指标，当围产期奶牛发生能量负平衡时，血液中葡萄糖浓度下降，表现出明显的低血糖症，并且伴随着胰岛素分泌减少，胰高血糖素分泌增多。奶牛动用大量的体脂来供能，体脂的代谢增多表现为血液中的非酯化脂肪酸（NEFA）和 B-羟丁酸（BHBA）浓度升高。一般来说，奶牛产前 15d 开始血清中胰岛素含量逐渐降低，产犊当天达到最低水平，产犊后逐渐升高，产后 25d 呈稳定状态；血清中葡萄糖浓度在产前 10d 急剧下降，分娩当天最低，产犊后呈上升的趋势。血清 NEFA 含量在产前 30d 开始呈逐渐上升趋势，分娩当天达到最大，之后急剧下降；血清 BHBA 含量在产前 35d 开始升高，产前 10d 达到峰值，产前 5d 开始下降，分娩时降到最低并且不同时间段出现显著差异。血清中甘油三酯（TG）含量在产前 20d 后缓慢降低，产犊后基本保持在较低的水平；血清中瘦素含量在产前 35d 后显著升高，产前 10d 至产后呈逐渐下降趋势。

9. 围产期奶牛内分泌和免疫功能变化

围产期奶牛由于能量负平衡，机体会产生一系列的应激反应，影响奶牛内分泌系统。内分泌由于应激会出现下丘脑-垂体-肾上腺皮质的反应过程。其中甲状腺分泌的三碘甲状腺原氨基酸（T3）和甲状腺素（T4）能够促进组织代谢，提高神经系统的兴奋性和身体发育，但是真正发挥生理作用的游离甲状腺激素很少，真正发挥作用的甲状腺激素是 T4。研究表明，由于产前奶牛采食量下降，且分娩应激导致碘的吸收减少而消耗过多，故 T4 在分娩前 2 周含量很低，产后采食量逐渐恢复，机体代谢加强，所以 T3 和 T4 的分泌逐渐上升。另外生长激素是由垂体分泌的，可以促进蛋白质和葡萄糖的合成，奶牛在产犊后生长激素迅速上升。

大量研究证实，围产期奶牛的先天性和获得性免疫防御机能处于很低的水平。奶牛免疫功能下降主要是因为嗜中性粒细胞和淋巴细胞免疫应答发生变化。嗜中性粒细胞是奶牛血液中非特异性免疫系统中的第一道防御细胞，大约占白细胞总量的 70%。嗜中性粒细胞的吞噬作用是由细胞外的中性粒细胞黏附因子（L-选择素）与其他内皮细胞表面相关的黏附分子之间的相互作用介导。围产期奶牛嗜中性粒细胞 L-选择素快速降低，严重削弱了嗜中性粒细胞的吞噬功能。

B 淋巴细胞和 T 淋巴细胞是具有特异免疫识别功能的淋巴细胞系。B 细胞具有产生抗体，提呈抗原，分泌细胞因子，参与体液免疫调节功能。T 细胞直接与抗原作用，参与细胞免疫调节功能。围产期奶牛白细胞免疫应答减弱，产前 3 周到分娩时，淋巴细胞对促细胞分裂素的反应逐步下降，并基本持续整个围产期，但是在产后第 2~3 周可以恢复。

四、母牛生殖道微生物

21 世纪，学者们对人类微生物组的研究水平有了显著提高，因为基于培养和显微镜研究的局限性在很大程度上已经被分子生物学的方法所取代，其中，许多方法是基于细菌 DNA 的高通量测序。自 20 世纪初以来一直使用的细菌培养技术是劳动密集型的，并且对特定身体部位的细菌多样性了解有限。尽管已经开发出了使用增强培养技术和微生物培养芯片的更复杂的培养方法，但一些微生物的生长取决于其他微生物的代谢活性，这导致了这些技术的一些局限性。高通量 DNA 测序方法已经变得越来越经济实惠，使其能够广泛用于复杂微生物群落的表征和给定身体部位中微生物的相对丰度的估计。

生殖道微生物主要包括阴道、外宫颈口和子宫定植的微生物群，生殖道内微生物种类繁多，微生物群落的形成和稳定是其与宿主和环境相互适应的长期进化结果，三者之间处于一个协调和平衡的动态关系，且易受宿主激素水平、饲养方式和药物使用等因素的影响，与子宫相比，阴道的微生物多样性水平更高，丰富性增加，这可能是因为它靠近外部环境。与子宫相比，阴道更容易受到外界的限制。阴道和宫颈对子宫环境的保护可能有助于降低子宫腔内的多样性。阴道微生物组已被证明可以对抗感染性细菌，这可能是由于阴道 pH 值的调节。保持低的阴道 pH 值可以防止病原微生物的定植，而病原微生物的定植反过来又会对生育能力产生积极影响。

健康奶牛阴道中菌群主要包括乳杆菌属（*Lactobacillus*）、链球菌属（*Streptococcus*）、葡萄球菌属（*Staphylococcus*）、肠杆菌属（*Enterobacter*）和少量真菌，其中乳酸菌为主要优势菌，多为兼性厌氧菌，能够分解糖、蛋白质等物质产生乳酸，维持和保护生殖道内的弱酸性环境。研究证明乳酸菌是了解阴道状况的关键，卷曲乳酸杆菌（*Lactobacillus crispatus*）、惰性乳杆菌（*Lactobacillus iners*）可以作为区分阴道内菌群由正常到异常状态变化的一个重要标志。乳酸杆菌利用阴道内糖原的分解产物产生乳酸，产生酸性 pH 值，阻止许多其他细菌的生长，并上调自噬，清除阴道上皮细胞中的细胞内病原体。乳酸杆菌也会产生细菌素，以消除其他细菌并加强其优势。

第二节　奶牛人工授精

奶牛人工授精（Artificial insemination，AI）是指人为地使用特殊的器械采集公牛的精液，经处理、保存后，再借助于器械，在母牛发情时期将精液人为地注入子宫内，以达到受孕的目的，以此来代替自然交配的一种妊娠控制技术。它包括种公牛精液的采集、处理及冻精的制作、保存、运输、解冻及输精等技术过程。人工授精技术的应用在国外始于 20 世纪初叶，我国从 20 世纪 50 年代开始推广该技术，取得了很大成功，已成为养牛生产的常规繁殖技术。

一、公畜的选择

1. 外貌选择

种公牛的外貌，不表现产乳能力，也很难确切反映产肉能力，主要看其体型结构是否匀称，外形及毛色是否符合品种要求，雄性特征是否突出，有没有明显的外貌缺陷（四肢不够健壮结实、肢势不正，背线不平、颈浅薄、狭胸、垂腹、尖尻等），凡是体型结构、局部外貌有明显缺陷的，或者生殖器官畸形（如单睾、隐睾）的，一律不能做种用。

2. 系谱选择

在性成熟之前，即犊牛阶段选择。一般是采用系谱指数并结合犊公牛本身的生长发育情况进行选择。根据祖代资料，预测犊公牛产奶性能和其他的性能是选择公牛最通用的方法。

据估计，影响遗传进展的四个来源中，公牛的父本约占总遗传进展的39%；公牛的母本占32%，母牛的父本占26%，母牛的母本仅占3%。说明犊公牛的父母对遗传进展影响较大，可达71%。因此，对犊公牛的选择，首先是集中在犊公牛的父母。

3. 后裔选择

在性成熟以后，即青年公牛阶段选择，根据公牛雌性子代的生产性能及外貌进行后裔测定。由于产奶性状的特征受性别限制，需要通过测定被选公牛的雌性子代的产奶性能等进行鉴定，即后裔测定。因此，对公牛的选择需要的时间较长，往往5~6年。为了节约选择费用，有许多国家在公牛12月龄时，就采集精液保存，每头公牛保存10 000~40 000头份后，即将公牛淘汰。如后裔测定证明为优秀公牛，则利用这些公牛的精液，否则废弃其全部精液。而我国培育的优秀青年公牛，主要是从国外引进优秀种质（冻精、胚胎）培育，并进行后裔测定，青年公牛一般在未经验证前就有部分被用于育种群和生产群，同时又进行部分公牛的后裔测定，育种值排在最后的25%基本被淘汰。

二、采精

1. 采精前的准备

采精要有一定的采精环境，以便公牛建立起巩固的条件反射，同时防止精液被污染。采精场应建立在宽敞、平坦、安静、清洁的房间中，不论什么季节或天气均可照常进行工作，温度易控制。场内设有采精架，以保定台牛或设立假台牛供公牛爬跨采精。室内采精场的面积一般为10m×10m，并附设喷洒消毒和紫外线照射杀菌设备。

2. 采精方法

一种理想的采精方法，应具备4个条件：①可以全部收集公牛一次射出的精液；②不影响精液品质；③公牛生殖器官和性功能不会受到损伤或影响；④器械用具简单、使用方便。公牛多采用假阴道法采集精液，有时也用按摩法。

（1）假阴道法。是利用模拟母牛阴道环境条件的人工阴道，诱导公牛射精而采集精液的方法，比较安全而简单。采精时将公牛引至台牛后面，采精员站在台牛后部右侧，右手握持备好的假阴道。当公牛准备起步爬跨时，采精人员用左手取下盖假阴道入口的灭菌纱布；公牛爬跨后，迅速用左手准确地托握公牛包皮（切勿触摸阴茎），将阴茎导入假阴道入口（假阴道应与阴茎方向一致，一般与水平线呈35°），使假阴道靠在台牛臀侧，随后公牛的后躯向前一冲即完成射精。当公牛滑下时，采精人员应持假阴道随公牛滑下，迅速而自然地取下假阴道，将假阴道直立并重新盖上灭菌纱布（保持假阴道入口向上倾斜）。打开开关，放出空气和部分热水，以便精液完全流入集精杯内。取下集精杯，盖上集精杯盖立即送入精液检查处理室。

值得注意的是，公牛对假阴道的温度比压力更为灵敏。因此，温度要十分准确。而且公牛的阴茎非常敏感，在向假阴道内导入时，只能用掌心托着包皮，切勿用手直接抓握伸出的阴茎。同时，牛交配时间短促，只有数秒钟，当公牛后躯向前一冲后即行射精。因此，采精动作力求迅速、敏捷、准确，并防止阴茎突然弯折而损伤。

（2）按摩法。操作时，先将直肠内的宿粪排除，术者手伸入直肠约25cm处，轻轻按摩精囊腺，使精囊腺分泌物自包皮流出，然后将食指放在输精管两膨大部中间，中指和无名指放在一膨大部的外侧，拇指放在另一膨大部外侧对它按摩。按摩时，手指向前向后滑动并轻轻伴以压力，这样反复进行按摩，即可引起公牛精液流出，由助手将精液接入集精杯内。为减少细菌污染，助手最好配合按摩公牛阴茎S状弯曲部，使阴茎伸出包皮之外，收集精液。但这种精液质量要比假阴道法所采精液差，密度稀且易污染细菌。

3. 采精频率

采精频率是指每周对公牛的采精次数。为了既能最大限度地采集公牛精液，又能维持其健康体况，种公牛1周内采精2~3次或每周1次；成年公牛可连续采取2个射精量，但间隔时间要在半小时以上。因为连续射精2次时，第2次采得的精液，无论是量和质都较第1次好，可以将2次射出的精液混合在一起使用。随意增加采精次数，不仅会降低精液品质，而且会造成公牛生殖功能降低和体质衰弱等不良后果。

4. 采精注意事项

（1）采精前应用水喷洒采精场地，采精场每周消毒1次。

（2）种公牛采精时，牵牛人员应听从指挥，精力集中，严禁吸烟和喧哗。与公牛要保持一定距离，确保人牛安全。

（3）采精前由专人对预采公牛的躯体进行冲洗，阴茎及包皮先用0.1%高锰酸钾溶液冲洗，再用生理盐水冲洗，最后用消毒的干毛巾擦干。

（4）采精前，采精器材的集精管应先用洗涤剂洗刷（或用洗涤剂），再用清水清洗 3 次，之后用蒸馏水冲洗干净，放入 160℃ 高温干燥环境中，消毒灭菌 1h 以上。胶质器材可用 75% 酒精擦拭干净，待酒精挥发后方可使用。

三、精液的制备

1. 精子活力检查

（1）气味。正常精液略带腥气，牛、羊的另有微汗脂味。

（2）色泽。正常的精液颜色是乳白色或灰白色，牛、羊的有时为乳黄色。若精液颜色异常，表明公牛生殖器官有疾病，应该弃去，并停止采精。

（3）云雾状。指新鲜精液在 33~35℃ 温度下，精子成群运动所产生的上下翻卷的现象。云雾状的明显程度代表高浓度的精液中精子活力的高低。多见于精子密度大的牛、羊的精液，可见精液有漩涡状的翻滚现象。

（4）精子数量检测。通过和计算机配套的显微镜和计数器设备对精子数量进行计数。配套的计算机设备可以计算出每毫升精液中的精子数量。

（5）精子活动性评估。评估精子的运动能力，通常通过观察精子的运动速度、方向和类型来进行。这可以使用显微镜下的特殊技术或计算机辅助分析来实现。

（6）精子形态分析。检查精子的形态，包括头部、尾部和整体结构。任何异常的形态可能表明精子存在问题。

（7）可用精液的选择。根据计算机数据分析选取精子活力在 0.6 以上、形态正常、精子数量适中的精液来进行精液的稀释。

2. 稀释液的制备

稀释液中一般有四类成分：稀释剂、营养物、保护剂及其他。稀释液的配制准备：蒸馏水要纯净新鲜，最好自行制取；药品剂量准确，溶解、消毒应仔细；奶和奶粉应新鲜；卵黄来自新鲜鸡蛋；抗生素为青霉素、链霉素。

3. 精液稀释

采出的精液放置 30℃ 水浴中，防止精液降温太快对精液造成冷打击。立即检查精子活率，在 0.6 以上方可使用，然后根据精液密度或需配母牛数确定稀释倍数。在采精后半小时内完成精液稀释。稀释液的温度与精液温度一致，均配调到 30℃ 左右。稀释液按比例沿瓶壁慢慢加入精液中，并轻轻摇动，使稀释液与精液混合均匀。如稀释倍数高时，可分几次进行稀释，逐渐加大稀释倍数，防止突然改变精液所处的环境，造成稀释打击。稀释后精液立即进行镜检，如果活率下降，要检查原因，是稀释液配方问题，还是稀释操作不当，查出原因后立即改正。稀释倍数应以不影响受精率，可以充分利用精液为目的。实践证明，公牛精液稀释到每毫升含有 500 万个前进运动精子数时，稀释倍数可达 100 倍以上，对受精率无影响。一般情况下，公牛精液稀释 10 ~ 40 倍，使 1 个输精剂量含前进运动精子数 2 000 万~5 000 万个。

4. 精液的保存

（1）精液的低温保存。低温保存是指在 0℃ 下保存，牛精液在此温度下可保存 1 星期之久。它是利用低温抑制精子活动，降低精子代谢和能量消耗来达到延长精子存活时间的原理，达到保存精液的目的。

（2）精液的常温保存。牛精液的常温保存，即在 15 ~ 25℃ 温度下保存精液，由于保存温度在一定范围内变化，故又叫变温保存或室温保存。主要是利用一定范围的酸性环境抑制精子活动，以减少精子的能量消耗来延长精子存活时间。

四、性控技术

性别控制是指雌性动物通过人为地干预而繁殖出人们所期望性别后代的一种繁殖新技术。奶牛 XY 精子分离性别控制技术是指将牛的精液根据含 X 染色体和 Y 染色体精子的 DNA 含量不同而把这两种类型的精子有效地进行分离后，将含 X 染色体的精子分装冷冻后，用于牛的人工授精，而使母牛怀孕产母牛犊的技术；这种根据精子 X、Y 染色体的不同而分装冷冻的冻精就叫性控冻精。性控技术的重要性有以下几个方面：

（1）奶牛公、母犊牛的价格差一般在 1 000 元以上，母牛同样的饲养管理成本和怀孕时间，用性控冻精冷配，可以使怀孕母牛的产犊效益显著提高。

（2）使用性控冻精可以显著地提高母牛数和群体产奶量，这是因为与常规冷冻精液配种相比，使用性控冻精，可以大量繁殖出母牛后代，最终使母牛数和产奶量都得到提高，从而提高生产效益。

（3）使用性控冻精可繁殖出大量的优质高产的母牛后代，可以加快牛群的淘汰速度，提高生产效率。

以上都说明在使用性控冻精后可以显著地提高奶牛产业的生产效益，同时与胚胎工程技术的结合可以使牛的品种改良一步到位。

五、母畜的选择

犊牛和育成牛要选择健康无病、外貌良好、精神活泼、初生重符合留养标准（初生重母犊 35kg 以上，公犊 40kg 以上）、母本生产性能高于平均水平的母犊予以留养，头胎母牛所生犊牛可根据外祖母生产性能决定去留。犊牛断奶后要进行称重和鉴定，从中再选择出生长发育较好的牛进入育成期饲养。以后每到 6 月龄、12 月龄都要进行体尺测量、称重和外貌评定，并根据各阶段的发育情况再进行严格选择。

青年母牛要求母牛在 13.5~14 月龄时体重达到 350kg 以上，乳房随年龄而发育增大，乳房皮肤出现皱褶，乳头松软，大小适中，分布均匀，腹部容积大，肋骨开张好，背腰平直，肢蹄健康。

六、人工授精

1. 阴道开张输精法

用开膣器插入母牛阴道，以反光镜或手电筒光线找到子宫颈外口，把装好精液的输精器插入子宫颈外口内 1~2cm，注入精液，然后轻缓取出输精器。优点是操作比较简单，容易掌握。缺点是所用器械较多，受胎率比直肠把握法低。

2. 直肠把握输精法

该方法最常用，又称直肠把握法。先把母牛保定在配种架内（已习惯直肠检查的母牛可在槽上进行），尾巴用细绳拴好拉向一侧，然后清洗消毒母牛外阴部并擦干。配种员手臂涂上润滑剂，五指并拢，捏成锥形，徐徐伸入直肠排出宿粪，向盆腔底部前后、左右探索子宫颈，纵向握在手中，用前臂下压会阴，使阴门开张，另一只手执输精枪插入阴门，先向斜上前方插入 10~15cm 越过尿道口，再转为平插直达子宫颈，这时要把子宫颈外口握在手中，假如握得太靠前会使子宫颈口游离下垂，造成输精器不易对上子宫颈口。两手互相配合，使输精枪插入子宫颈，并达到子宫颈部或子宫体，然后输精，缓慢抽出输精枪（管），然后手从直肠里抽出，即可完成输精。在操作过程中，个别牛努责剧烈，应握住子宫颈向前方推，以便输精枪插入。操作时动作要谨慎，防止损伤子宫颈和子宫体。特别应注意的是在输精操作前要确定是空怀发情牛，否则易导致母牛流产。直肠把握法的优点是受胎率比阴道开张法高，使用器械简单，操作方便。

3. 人工授精的意义

（1）降低饲养管理费用。采取母牛人工授精的繁殖技术，每头育种公牛可配的母牛数量增多，可大大减少公牛的饲养头数，甚至不需饲养育种公牛，当发情母牛需要配种时，只需要购买种公牛精液即可。这样一来就大大降低了饲养管理费用，提高了养殖的经济效益。

（2）预防疾病，特别是生殖道传染病的传播。母牛的人工授精方式有效阻碍了种公牛与母牛之间的接触，并且人工授精有严格的杀菌消毒要求以及技术操作规范，因而大大降低了参加配种的公牛与母牛之间传播疾病的概率。

（3）提高优良种公牛的配种效能，扩大配种母牛的头数。母牛的人工授精不仅有效地改变了公、母牛的交配过程，更重要的是选择最优良种公牛实行人工授精配种，采用该技术配种能力超过自然交配的配种母牛头数的很多倍，有时达到数百倍，特别是现代的技术条件下，1头优良种公牛每年配种母牛甚至可达上万头。

（4）可扩大公牛配种的地区范围。种公牛精液的采取与保存技术也越来越先进，保存的公牛精液，尤其是冷冻保存的精液，便于携带运输，可使母牛配种不受地区的限制和有效地解决无公牛地区的母牛配种问题。

（5）有利于提高母牛的受胎率。人工授精能克服公、母牛在自然交配中因体格相差太大不易交配或生殖道某些异常不易受胎的困难，又可便于发现繁殖障碍与疾病，采取相应的治疗措施，消除不孕。更重要的是人工授精的发情母牛，首先要经过发情鉴定，掌握在适宜时机配种，同时所用的精液均经合格检查，保证质量，因此，有利于提高母牛的受胎概率。

第三节　奶牛妊娠监测

奶牛妊娠监测是畜牧业中的重要管理实践，旨在确保奶牛的生殖健康，提高奶牛的生产效率和幼犊的生存率。这一过程涵盖了多个方面，从怀孕检测到分娩管理再到妊娠期疾病的预防和处理，都需要系统而细致的管理措施。

一、妊娠期

妊娠是指从受精开始，经由受精卵阶段、胚胎阶段、胎儿阶段，直至分娩（妊娠结束）的整个生理过程。

妊娠期（gestation period）是指胎生动物胚胎和胎儿在子宫内完成生长发育的时期，通常是从最后一次有效配种（fertile mating）之日算起（妊娠开始），直至分娩为止（妊娠结束）所经历的时间，可大致分为3个主要阶段。第一阶段为胚胎早期，从排卵后几小时内发生的受精开始，到原始胎膜发育为止。此阶段受精卵充分发育，囊胚开始附植，但尚未建立胚胎内循环。第二阶段为胚胎期或器官生成期，在此阶段，胚脂迅速生长分化，主要组织器官和系统已经形成，体表外形的主要特征已能辨认。第三阶段为胎儿期或胎儿生长期，主要特点是胎儿的生长和外形的改变。

总的来说，母牛的妊娠期是一个充满变化的过程，需要仔细地饲养和观察，以确保母牛和胎儿都能够健康地度过这段时间。

二、母体的妊娠识别

母体妊娠识别（Jmaternal recognition of pregnancy）是孕体（conceptug）向母体系统发出其存在的信号，延长黄体寿命的生理过程，其实也就是母胎之间通过信息交流，使得黄体功能延长超过正常发育周期。孕激素的合成和释放不至于中断，因此，怀孕得以维持。黄体寿命延长是哺乳动物怀孕的一个典型特征，孕激素作用于子宫，刺激和维持子宫机能，使其更适合早期胚胎发育、附植、胎盘形成及胎儿发育。

怀孕的维持需要孕体和母体子宫内膜之间的双向信号交流。胎盘产生的激素直接作用于子宫内膜，调节其细胞分化和功能。在家畜，子宫内膜腺先是增生，随后出现肥大，这种程序性变化反映了胎盘激素作用的时空变化。子宫内膜腺体的形态变化使得子宫分泌的蛋白增加，这些蛋白通过胎盘转运到胎儿。子宫内膜的组织营养易于被发育的孕体获得，因此对孕体的生存和生长发育必不可少。

大多数哺乳动物怀孕后能迅速识别其孕体的存在，虽然各种动物孕激素合成的机理有一定差别，但孕体分泌的因子或者阻止溶解黄体的 $PGF_{2\alpha}$ 的分泌，或者直接发挥促黄体化作用，从而使怀孕得以维持。

受精后，母体必须能够识别进入子宫的胚胎，并使黄体寿命延长和继续分泌孕酮，才能达到妊娠的确立，否则就会停止产生孕激素而导致怀孕终止。所以黄体持续分泌孕激素对早期妊娠的确立和维持都是必需的。孕激素由黄体或胎盘产生，或者二者都能产生。根据动物的种类不同，胚胎产生不同的促黄体分泌激素，抑制 $PGF_{2\alpha}$ 的产生或抑制其发挥作用，黄体的寿命就通过不同的机制而延长，周期黄体就变为妊娠黄体，整个妊娠期间分泌孕激素；有些动物达到妊娠一定的时间，由胎盘替代黄体产生或补给的孕激素来维持妊娠。

三、影响妊娠期的因素

妊娠期的长短是由遗传决定。各种动物的正常妊娠期都有相对稳定的遗传性，但由于受品种、母体和胎儿各自特定情况及环境等因素的影响，会在一定的范围内变化。

1. 遗传因素

亲代的遗传型可影响胎儿在子宫内的生活时间。例如，就妊娠期的长短而言，瘤牛比黄牛长，乳用品种比肉用或役用品种略长。胎儿基因型对妊娠期长短的影响在某些杂交种非常明显。例如，黄牛和牦牛杂交种犏牛的妊娠期亦介于二者之间，杂交种的平均妊娠期相当于其双亲妊娠期的平均值。

2. 环境因素

妊娠期的长短也受外界环境的影响。母体的遗传型可通过赋予胎儿的遗传结构和确定胎儿发育阶段的外界环境两个方面影响妊娠期的长短。春季产犊的牛妊娠期比秋季产犊的长，夏季产犊者妊娠期最短，冬季最长。

3. 胎儿数目和性别

多胎家畜怀胎数目少时妊娠期比怀胎胎数多时要长，例如，家兔怀 1~3 个胎儿时，妊娠期要比平均妊娠期长 1~3d。单胎动物怀双胎、胎儿雌性时怀孕期稍短，如怀母犊的牛妊娠期比怀公犊的短；老龄牛的妊娠期稍长，头胎牛的妊娠期比平均数短 1~2d。

4. 饲养管理及疾病

营养不良、慢性消耗性疾病、饥饿、强应激等可使分娩提早、妊娠期缩短，甚至流产。有些损害子宫内膜和胎盘或使胎儿感染的疾病，可导致早产或流产。

5. 激素对奶牛妊娠的影响

激素在奶牛的妊娠过程中起着至关重要的作用，对奶牛妊娠产生影响的主要激素如下。

（1）孕酮（Progesterone）。孕酮是一种重要的孕激素，它在奶牛的妊娠过程中发挥着关键作用。孕酮在维持妊娠过程中起着至关重要的作用，它有助于维持子宫内膜的稳定，防止子宫收缩，保护胎儿不受母体免疫系统攻击。

（2）雌激素（Estrogen）。雌激素在奶牛的妊娠过程中也起着重要作用。在妊娠早期，雌激素有助于子宫内膜的生长和准备，同时也影响着胎儿的生长和发育。

（3）黄体生成素（Luteinizing hormone，LH）和卵泡刺激素（Follicle-stimulating hormone，FSH）。这两种激素对卵巢功能的调节、对妊娠过程至关重要。它们促进卵泡的发育和排卵，同时也参与了孕酮的分泌和子宫内膜的准备。

（4）催产素（Oxytocin）。在妊娠后期和分娩过程中，催产素起着重要的作用，它能够促进子宫收缩，促进分娩。这些激素在奶牛的妊娠过程中相互作用，协调着子宫内膜的准备、胚胎的着床和胎儿的生长发育。同时，它们也影响着奶牛的生殖周期、繁殖行为和生殖健康。因此，对这些激素的监测和调节对于维持奶牛的生殖健康和生产效率具有重要意义。

引起妊娠期延长的因素很多，例如，维生素 A 不足，可使妊娠期延长1~4d；连续注射大剂量孕激素，能使猪、犬、绵羊和牛的妊娠期延长；分娩是由胎儿下丘脑-垂体-肾上腺轴启动的。绵羊和牛的妊娠期延长同胎儿垂体前叶和肾上腺皮质异常有关。垂体萎缩、发育不良或受损，均可使妊娠期延长。肾上腺萎缩或严重发育不良、继发性垂体功能不足时，也能使牛的妊娠期延长。

四、母牛妊娠期的主要特点

母牛的妊娠期通常为大约 280d，但实际长度可能会稍有不同，因为母牛的妊娠期在 265~295d。母牛的妊娠期主要特点包括以下几个方面。

（1）怀孕初期。母牛的怀孕一般在受精后的 6~8 周内才能被确诊。在这段时间内，母牛可能会产生一些怀孕迹象，比如行为上的改变或食欲的增加。

（2）发育过程。在怀孕期间，母牛逐渐增加体重，体型逐渐变大。胎儿在子宫内发育迅速，从胚胎形态到逐渐形成器官和四肢，最终成熟。

（3）营养需求。怀孕牛需要更多的营养来支持自身的生长和胎儿的发育。适当的饲养管理和饮食配比对于母牛和胎儿的健康都非常重要。

（4）行为改变。一些母牛在怀孕期会表现出行为上的改变，比如更为安静或更具攻击性等。这是由于激素水平的变化，通常这些行为变化是正常的，但也需要留意是否出现异常情况。

（5）临产。母牛在临近分娩时，通常会有一系列临产迹象，比如乳房充血、牛头不停地回转、呼吸急促等。当这些迹象出现时，需要注意可能随时发生分娩的情况，确保母牛能得到适当的分娩帮助和护理。

五、母牛妊娠状态

母牛的妊娠状态是指母牛受精后，胚胎在子宫内发育成熟的过程。母牛怀孕的状态通常会持续大约 280d，但在实际情况中可能会略有不同。母牛怀孕期间，它的身体会经历一系列的生理和行为上的变化，以适应胎儿的发育和保护。

一些明显的特征和改变包括母牛体重逐渐增加，体型逐渐变大；乳房变得充血和增大，为分娩后的哺乳做好准备；母牛可能表现出食欲增加或减少、行为改变、更为安静或急躁等；母牛需要更多的营养和运动，以满足胎儿和自身的需求；在临近分娩时，母牛会出现临产迹象，如乳房肿胀、牛头晃动、呼吸变得急促等。

对于农户或养殖场主来说，及时了解母牛的妊娠状态是非常重要的，可以帮助他们做好准备，提供适当的饲养管理和护理以确保母牛和胎儿的健康。识别和监测母牛的怀孕状态，对于保持牲畜健康、提高繁殖效率和牲畜产出都至关重要。

六、胎儿发育

母牛怀孕期间，胎儿会经历不同的发育阶段，这些阶段可以简单地总结如下：

（1）胚胎阶段：在受精卵着床后的前几周，胚胎会经历细胞分裂和分化，形成不同的胚层。在这个阶段，胚胎逐渐形成基本的组织和器官的初步结构。

（2）器官形成阶段：在妊娠的早期阶段，大约在怀孕的第 3 周到第 8 周，胎儿的器官开始快速发育和形成。这个阶段是胎儿发育最脆弱的时期，也是最容易受到外部环境影响的阶段。

（3）生长发育阶段：在怀孕的后期，胎儿开始迅速生长，并逐渐形成完整的器官系统和四肢。此时，胎儿需要足够的营养支持来维持生长和发育。

（4）成熟阶段：在怀孕接近结束时，胎儿的器官基本成熟，准备出生。此时，母牛进入临产期，胎儿准备离开母体独立生存。

这些发育阶段对于胎儿的健康发育至关重要。在母牛怀孕期间，饲养管理、营养供给、疾病防控等因素都会对胎儿的发育产生影响。因此，及时监测母牛的怀孕状态、提供良好的生活条件和适当的饲养管理是确保胎儿健康发育的关键。

七、奶牛妊娠监测

1. 奶牛妊娠监测的方法

（1）超声检查。通过超声波技术检查奶牛的子宫，观察胎儿的发育情况和胎盘的形态，以确定是否怀孕以及怀孕周期的长短。

（2）血液检测。通过检测奶牛血液中的特定激素水平，如孕酮水平，来确认奶牛是否怀孕。这种方法通常用于早期怀孕检测。

（3）直肠检查。兽医通过直肠检查来触摸奶牛的子宫和卵巢，以检查是否有胎儿存在或卵泡的发育情况。

这些方法结合使用可以提高妊娠检测的准确性和可靠性，从而有效管理奶牛的繁殖过程。

2. 妊娠监测

妊娠监测是指对奶牛进行怀孕状态的监测和管理。通过对奶牛进行妊娠监测，可以有效提高奶牛的生产效率和幼崽的生存率，保障奶牛的健康和生产性能。通常包括以下几个方面：

（1）怀孕检测。通过超声检查或血液检测等方法，确定奶牛是否怀孕。

（2）妊娠期管理。对已确认怀孕的奶牛进行定期体检和营养管理，确保它们在怀孕期间的健康和营养需求得到满足。

（3）分娩管理。监测奶牛的分娩情况，及时处理并提供必要的护理和支持。妊娠期疾病预防和处理：监测奶牛的健康状况，预防和处理可能出现的妊娠期疾病，如产后子宫炎、产后乳房炎等。

3. 妊娠监测条例

奶牛妊娠监测条例通常由相关的畜牧业管理部门或机构制定和管理。这些条例旨在规范奶牛妊娠监测的流程、标准和要求，以确保牛群的生殖健康和生产效率，并保障消费者的利益。以下是一些可能包含在奶牛妊娠监测条例中的内容。

（1）监测方法和技术标准。规定了奶牛妊娠监测所应采用的方法和技术，并明确了相应的标准和要求。这包括监测设备的选择、操作规程、检测准确性等方面的规定。

（2）监测频率和时机。规定了奶牛妊娠监测应该进行的频率和时机。这可能根据不同的生产阶段和管理需求而有所不同，例如，配种后、预期分娩期等。

（3）数据记录和报告要求。要求农场主或养殖场必须记录奶牛妊娠监测的结果，并及时向相关部门提交监测报告。这有助于监管部门了解牛群的繁殖状况，及时采取必要的管理和措施。

（4）妊娠期管理和护理。规定了对已确认怀孕的奶牛进行定期体检、营养管理和护理的要求。这包括饲料配给、运动锻炼、疾病预防等方面的管理措施。

（5）处罚和惩戒措施。对违反奶牛妊娠监测条例的行为可能会采取处罚和惩戒措施，以确保法规的执行和实施效果。

总的来说，奶牛妊娠监测条例旨在规范和管理奶牛繁殖过程中的各项工作，保障牛群的健康和生产效率，促进畜牧业的可持续发展。具体的条例内容可能会因地区和国家而有所不同，需要根据当地法律法规进行具体分析和执行。

4. 奶牛妊娠监测的意义

奶牛的妊娠对农场和畜牧业的意义，主要体现在以下几个方面：

（1）生产奶制品。妊娠是奶牛产奶的前提，怀孕后奶牛会开始产生乳汁，这样就能够供应奶制品的生产。妊娠期间的管理和护理对奶牛的产奶量和质量有着直接的影响。

（2）繁殖后代。奶牛的妊娠是繁殖新生代的基础，通过妊娠奶牛可以产下幼崽，这对畜牧场的繁殖和延续具有至关重要的意义。

（3）健康状况评估。妊娠监测还可以用于评估奶牛的健康状况。及早发现妊娠问题或并发症，可以采取及时的治疗和护理措施，确保奶牛在怀孕期间保持良好的健康状态。

（4）遗传改良。通过监测奶牛的妊娠情况，可以更好地管理和评估牛群的遗传质量。这有助于选择优质的母牛和种公牛，进行遗传改良，提高牛群的生产性能和遗传水平。

（5）农场管理。妊娠期间对奶牛进行管理和监测可以帮助农场主和饲养员更好地了解和掌握牛群的繁殖状况，对牛群的生产效率和经济效益进行有效管理。这有助于采取针对性的管理措施，提高怀孕奶牛的生产效率，确保更多的奶牛顺利怀孕和分娩。

（6）生产计划管理和经济效益。妊娠监测可以帮助农场主制定和实施更有效的生产计划。通过了解牛群的妊娠率和预期分娩时间，可以合理安排饲养、繁殖和生产活动，最大程度地提高生产效率和经济效益。

综上所述，奶牛妊娠监测是畜牧业中不可或缺的重要环节，对于保障奶牛的健康和生产性能具有重要意义。

第四节　奶牛分娩与助产

一、分娩预兆

奶牛产前约半个月乳房开始膨大，腺体充实，至分娩前 1~2d 极度膨胀，个别牛在临产前数小时至 1d 左右滴出乳汁，有的乳房底部出现浮肿。临近分娩时，乳头可挤出或流出少量初乳，且乳头增大变粗。约分娩前 1 周，母牛阴唇逐渐变得柔软、肿大，阴唇上的皮肤褶皱展开，表面平滑，阴门变松而长。皮肤稍变红，阴道黏膜渐红，黏液由浓厚黏稠变为稀薄滑润，子宫颈开始肿胀。临近分娩时，骨盆韧带开始变得松软。产前 12~36h 更加松软，尾根两侧肌肉明显塌陷。这种变化，经产母牛比初产母牛更明显。奶牛在产前一般都出现精神沉郁及徘徊不安等现象，有离群和寻找安静地方分娩的习性，临产前食欲不振，排泄量少而次数增多。体温从产前 1 个月开始发生变化。至产前 7~8d 可缓慢增高到 39~39.5℃；产前 12h，则下降 0.4~1.2℃；分娩过程中或产后又恢复到分娩前的体温。

二、分娩

分娩的概念：妊娠期期满，胎儿发育成熟，母体将胎儿及其附属物从子宫排出体外的生理过程称为分娩。

母牛产犊过程可人为地分为 3 个阶段：分娩第一阶段是子宫颈扩张期；分娩第二阶段是胎犊进入子宫颈；分娩第三阶段是胎衣排出期，通常需要 4~6h。确定一头母牛产犊时间的最好方法是观察母牛产犊前典型的行为变化。诱导分娩缩短了奶牛分娩的过程，可应用地塞米松或倍他米松，有时也用雌激素或前列腺素的合成制剂。

1. 子宫颈扩张期

宫颈扩张期是从子宫开始阵缩算起，至子宫充分开大为止。这一期子宫颈变软扩张，一般仅有阵缩，没有努责。

分娩第一阶段是子宫颈扩张期。孕酮的影响减小，子宫的收缩频率增加；胎犊在收缩的作用下朝着产道移行。来自包裹在胎犊周围的绒毛膜尿囊的压力增大，致使子宫颈松弛。在分娩第一阶段的后期，子宫颈直径扩张至7.62~15.24cm。此时母牛的行为变化不明显，不易观察。分娩第一阶段可见母牛烦躁不安，来回走动，从产道中分泌大量黏液，排粪、排尿次数增多，呼吸频率加大，骨盆韧带松弛等现象。这一阶段持续2~6h随品种和胎次不同变化很大。

2. 胎犊进入子宫

分娩第二阶段始于胎犊进入子宫颈。子宫持续收缩，频率增加而出现前所未有的节律性收缩。在该期，当出现5~8次一组收缩时，就会出现产前阵痛。开始时，单次收缩持续1~2s，而一组收缩持续近1min，其间有2~3min的间歇期。产道伸展诱导释放催产素，在犊牛通过子宫颈时催产素浓度增加30~50倍。腹部收缩连同子宫阵缩挤压胎犊进入产道。决定分娩持续时间的基本要素是子宫颈的开张程度；胎犊头部和肩部通过子宫颈时产生压力，刺激子宫颈进一步开张。充满液体的羊膜和绒毛尿囊保护胎犊免受尚未完全扩张子宫颈的压力；待子宫颈完全扩张后阴道和子宫间即可畅通（没有紧缩的区域）。绒毛尿囊（水袋）过早破裂会导致腹部暂停收缩，这是由于胎犊占据的空间突然减小的缘故。在胎犊进入子宫颈后大约30min（7~8组收缩后），可见胎犊的蹄子；但在难产情况下，这一过程会延长。在此之后分娩的进程减缓，因为子宫颈需要进一步扩张允许胎犊的头部和肩部通过。在蹄子出现后5~45min（依品种和胎犊大小不同而不同），收缩的强度和频率再次增加（收缩2~3s，间歇缩短），胎犊会在15~30min娩出。

3. 胎衣排出

分娩第三阶段是胎衣排出期，通常需要4~6h。胎衣在12h内未被排出则称为胎衣不下。母牛产公犊后胎衣滞留的时间稍长。难产时胎衣不下的几率提高2~3倍，尽管这种生理学机制还不十分的清楚，但已经观察到，如果在生产之前出现激素缺乏，也会与难产一样导致胎衣不下。

三、接产

1. 接产准备

清洗和消毒母畜的外阴部及其周围，用绷带缠好牛尾根，并将尾拉向一侧系于颈部。胎儿产出期开始时，接产人员应系上胶围裙、穿上胶靴、消毒手臂，准备作必要的检查工作。

2. 临产检查

大家畜的胎儿前置部分进入产道时，可将手臂伸入产道，检查胎向、胎位及胎势；对胎儿的反常做出早期诊断和矫正。奶牛应是在胎膜露出至排出胎水这一段时间进行检查。

除检查胎儿外，还应检查母畜骨盆有无变形，阴门、阴道及子宫颈的松软扩张程度，以判断有无因产道反常而发生难产的可能。

3. 处理新生仔畜

（1）擦干羊水。胎儿产出后先要擦净鼻孔内的羊水，防止新生仔畜窒息。同时，应观察呼吸是否正常，如无呼吸必须立即抢救。然后擦干仔畜身上的羊水，防止天冷时受冻。

（2）处理脐带。胎儿产出后，脐血管可能由于前列腺素的作用而迅速封闭。所以，处理脐带的目的并不在于防止出血，而是促进脐带干燥，避免细菌侵入。

（3）帮助哺乳。新生仔畜产出后不久即试图站起，宜加以扶助。在仔畜接近母畜乳房之前，最好先挤掉几滴初乳，擦净乳头，再让它吮乳。

四、助产

1. 助产前检查

（1）检查前先了解动物分娩时间，胎膜是否破裂，有无羊水流出，腹围及母畜大小。

（2）检查产道是否有黏膜水肿、表面干燥与否和有无损伤，并注意损伤的程度及有无感染。

（3）通过产道检查胎儿时，应注意胎位是否正常以及胎儿生死情况。

（4）母畜的全身情况，如心跳过弱或亢进、心律情况，是否需要输液或强心等。

2. 助产前准备

（1）保定要使母畜处于前低后高的体位站立保定，如不能久站可行侧卧保定。

（2）将胎儿露出部分及母畜的会阴、尾根处洗净，再以 0.1%高锰酸钾液消毒。

（3）准备消毒所需器械，并备 2~3 条长约 3m，直径约 0.8cm 的柔软坚韧棉绳作牵拉胎儿用。

（4）准备少许雌激素（产前1h注射此药可松弛产畜韧带和软产道）和普鲁卡因（母畜产犊疼痛时可注入后海穴、会阴穴进行麻醉）。

3. 用于胎儿的手术

（1）牵引术。又称拉出术，是指用外力将胎儿拉出母体产道的助产手术。

（2）矫正术。是指通过推、拉、扭正、翻转、矫正或拉直胎儿四肢的方法，把异常胎向、胎位矫正到正常时的助产手术。

（3）截胎术。是为了缩小胎儿体积而肢解或除去胎儿身体某部分的手术。难产时，若无法矫正拉出胎儿，又不能或不宜实行剖宫产，可将死胎儿的某些部分截肢，分别取出。

4. 用于母体的手术

难产救助时，可用于母体的手术主要有剖宫产术、外阴切开术、子宫切除术、耻骨联合切开术和子宫捻转时的整复手术等。

剖宫产术是指切开母体腹壁及子宫以便取出胎儿的手术。剖宫产的优点是，如果选择恰当且及早进行，不但可以挽救母畜的生命，而且能够保持其生产能力和繁殖能力，同时挽救胎儿性命。

（1）牛的剖宫产术有腹下切开法和腹侧切开法两种。

腹下切开法。可供选择的切口部位有5处：乳房前中线、中线与右乳静脉之间、中线与左乳静间、乳房和右乳静脉右侧5~8cm处、乳房与左乳静脉左侧5~8cm处。如两侧触诊的情况相似，可在中线或其左侧施术。一般来说，中线口血管较少，切口及缝合均比较容易，左侧的切口也较好。

腹侧切开法。子宫发生破裂时，破口多靠近子宫角基部，此时宜施行腹侧切开法，以方便缝合。胎儿干尸化时，如果人工引产不成功，则由于子宫壁紧缩，不易从腹下切口取出，此时也宜采用此法，切口可在左侧或右侧，每侧的切口位置又有高低的不同。选择切口的基本原则是，触诊哪一侧容易摸到胎儿，就在哪一侧施行手术，两侧都摸不到时可在左侧施术。在左腹胁部做切口的优点是：瘤胃能够挡住小肠不致使其从切口脱出；如果在手术过程中发生瘤胃臌气，切开的左腹胁部可以减轻对呼吸的压迫，也可在此处为瘤胃放气，因此，在进行牛的剖宫产时，有许多人采用左腹壁部切开法，并且多使牛保定成站立位。

（2）外阴切开术。外阴切开术是救治难产，尤其是青年母牛难产时，为了避免会阴撕裂而采用的一种简单方法。在救治难产时，如果发现胎头已经露出了阴门，牵引胎儿时可能会引起会阴撕裂，此时可施行外阴切开术。

（3）子宫切除术。由于难产历时已久，子宫壁已经损伤或破裂时；助产手术使用不当或不慎引起子宫破裂时；各种原因引起的严重子宫感染、子宫脱出无法送回时；胎儿气肿，子宫壁十分紧张且发生感染时。

5. 一般原则和注意事项

（1）及早发现，果断处理。难产病例均应做急诊处理，手术助产越早越好，剖宫产术尤其是这样，否则，胎儿如已楔入骨盆腔，子宫壁紧裹着胎儿，胎水流失以及产道水肿等，都会妨碍使用助产手术。如果拖延太久，胎儿死亡，发生腐败，母畜的生命也可能受到危害；即使母畜在术后能够存活，也常因生殖道发生炎症而使以后不能受孕。如果助产延误，则以后的胎儿也不能顺利排出，如不用药物催产，可能会全部死亡。但是，处置难产时必须要有耐心，尤其应注意胎儿产出期的正常时限。

（2）进行详细的产科检查，选择合适的助产方案。术前检查必须周密细致，根据检查结果和设备条件、慎重考虑手术方案的每个步骤及相应的保定、麻醉等，然后迅速进行。必须注意能否矫正及怎样矫正，是否需要截胎和采取什么方法截胎，是否宜行剖宫产等。只要通过慎重而周到的检查和考虑，才能做出正确判断，否则，匆忙下手，中途出现周折，会使母畜遭受多余的刺激，并可能会危及胎儿生命，甚至进退两难，既无法再进行矫正或截胎，又贻误了剖宫产的时机，结果母体和胎儿都受到危害。

（3）消毒润滑，防止产道损伤。在助产手术中，无菌观念和手术素养极为重要。手术助产的目的一般是既要取出胎儿，又必须注意保全母畜的生育能力，因此绝对不可忽视消毒工作，并须重视使用润滑剂，尽可能防止生殖道在手术过程中受到刺激和感染。

（4）术前检查，对症治疗。母畜在分娩过程中丧失大量水分，体力消耗很大，全身及生殖道都发生剧烈变化，特别是难产的母畜，分娩时间延长，往往会导致全身耗竭，甚至处于濒危状态。对这样的病例，事先如不给予适当的处理，贸然进行助产，多半不能成功。所以，术前进行详细检查，并根据情况给予适当对症疗法（如补液、强心等），对保证助产成功十分必要。

（5）重视发挥团队作用。进行手术助产时，子宫内的空隙十分狭小，子宫壁又往往强力收缩，压迫手臂，手指的动作也很单调，胎衣也常常妨碍手指操作，术者通常不能采取站立的姿势，操作比较费力。因此，除了在实施手术时防止作无目的的试探及蛮干，以免消耗体力和增加对软产道的刺激外，平时还须利用难产病例，培养技术人员，以通过团队的力量，使手术取得更好的结果。

五、助产后母畜的检查及护理

手术助产时，不可避免地会对母畜，特别是对母畜的生殖道造成一定的损伤，因此，如不及时进行处理，会影响其以后的生育力，甚至危及母畜的生命。因此，术后母畜的检查和护理是十分重要而且是必不可少的。

1. 术后检查

检查前，用清水及肥皂洗净母畜的阴门及会阴部，同时术者应注意手臂的清洁、润滑及消毒，然后检查整个生殖道，检查时应注意以下几个方面。

（1）检查子宫及腹腔中是否还有胎儿。手术助产后，如果手可伸入子宫，则一定要仔细检查子宫中是否还有未取出的胎儿。牛在手术助产后如果子宫中仍留有胎儿，则多在 2~3d 后出现厌食、努责等征兆。一般在胎儿产完后表现安静、哺乳犊牛、排尿、吃喝等行为特征。如表现不安、厌食、努责等症状，则应仔细检查，及早处理。

（2）检查产道中有无出血及出血的原因。如果检查时发现产道有出血，则一定要查明原因。一般来说，即使分娩正常，由于胎儿脐带的断裂，可能会有一些新鲜血液流出。另外，子宫颈及子宫损伤也可出血：在剥离胎膜、截胎损伤子叶也可引起一定量的出血。产道深部的出血一般在阴门处见不到，但在进行阴道查时可以发现。阔韧带破裂引起的出血只有在剖宫产探查时才可发现。如果出血由阴道中的血管破裂所引起，则可进行结扎或用止血钳夹上 24~48h，子宫出血时可注射催产素止血。在进行上述处理时一定要检查动物可视黏膜的色泽、呼吸、心跳等情况。

（3）检查生殖道有无损伤、破裂或子宫角内翻。一般来说，阴道及阴门浅表的损伤不会引起严重后果但如同时伴发胎衣不下，这些伤口可能会感染。阴门与阴道交界处的损伤更易发生感染，继发性的出现脓肿、疼痛及努责。子宫颈大面积损伤会引起子宫颈硬化及慢性子宫颈炎。子宫的撕裂或破裂一般均预后不良，如果裂口较大，应通过产道及时缝合，如有可能，也可将子宫颈及子宫拉出阴门，这样缝合时会相对较为容易。子宫壁背部小的裂口一般可以自愈，但应该用催产素促进子宫收缩。如果子宫的裂口较大，并且已发生了感染，则一般预后极差，此时可行子宫切除术。

（4）检查胎盘及胎盘的附属结构有无异常。如果胎盘突坚硬，则多发生胎衣不下，如果子宫已有明显受感染的迹象，则应采取预防性措施，以控制感染。

（5）检查母畜能否站立。如果难以站立，则应检查是否为坐骨神经麻痹、关节错位或脊椎损伤，是否有低血钙等，并及时对症治疗。

（6）检查全身其他系统有无异常。包括乳房等部位是否有损伤，助产手术的成功与否，除了术前周密细致的准备，术中细致认真的操作外，还与术后良好的护理有密切关系。

2. 术后护理

手术助产后的护理包括以下几个方面。

（1）手术助产后应肌内注射或静脉注射催产素，以促进子宫的收缩和恢复，加快胎衣的排出，也可用于止血。大动物、羊、猪、犬可注射 $10\sim30IU$。

（2）全身及生殖道用抗生素治疗。术后应于胎膜和子宫内膜之间放入可溶性四环素胶囊，如有必要，可以用广谱抗生素进行全身治疗。

（3）术后应密切观察有无休克等并发症，如果出现症状则应立即治疗。

（4）助产后如有胎衣不下，则应及时用抗生素处理，以免发生子宫炎。

（5）将手术过的母牛与其他牛只隔离，以免发生外伤。

（6）注意有无其他产后疾病的发生，如有则应尽快治疗。

（7）及时处理产道损伤。

（8）注意检查体温、呼吸、脉搏有无异常变化。

（9）在破伤风散发的地区，为防止术后感染，应在手术同时注射破伤风抗毒素。

第三章

奶牛乳房炎与生殖系统疾病

第一节　奶牛乳房炎

乳房炎是奶牛常见病之一，可造成治疗费用增加、牛奶废弃、奶牛死亡等直接经济损失，也可引发产奶量下降、牛奶质量下降、奶牛淘汰率增加、干奶期提前等间接经济损失。据报道，我国每年因隐性乳房炎造成的经济损失约达1.35亿元，大型奶牛场奶牛乳房炎的临床发病率高达3.3%，每年因乳房炎造成的经济总损失超过6亿元。乳房炎对产奶量有长期影响，表现为患乳房炎的奶牛在以后的泌乳期不会恢复其最高产奶量。

一、乳房炎的分类和依据

奶牛乳房炎（Cow mastitis）是乳腺组织的炎症。病因多由机械性刺激、病原菌侵入及化学物理性损伤所致。分为浆液性乳房炎、纤维素性卡他乳房炎、化脓性乳房炎、出血性乳房炎、坏疽性乳房炎和隐性乳房炎。在生产中一般将乳房炎分为临床型乳房炎（Clinical mastitis）和亚临床型乳房炎（也称为隐性乳房炎）。

1. 临床型乳房炎

临床型乳房炎（Clinical mastitis）可以很容易地根据明显的症状来识别，为乳房间质、实质或间质实质组织的炎症。其特征是乳汁变性、乳房组织不同程度地呈现肿胀、温热和疼痛，乳汁凝块、变色和乳汁稠度变化。临床型乳房炎的主要原因是由各种病原体引起的。根据病程长短和病情严重程度不同，可分为最急性、急性、亚急性和慢性乳房炎。最急性临床型乳房炎发病突然，发展迅速，多发生于1个乳区。急性临床型乳房炎通常在奶牛产后泌乳早期容易发生，个别会发生隐性乳房炎。病牛症状较轻时，会导致整个感染乳区明显发热、红肿，且伴有疼痛，排出稀薄乳汁。泌乳量降低，混杂絮状物或者凝块，但食欲和体温没有发生明显变化。病牛症状加重时，会导致病变乳区质地较硬，明显疼痛，排出淡灰色乳汁，产奶量显著减少，且体温明显升高，食欲减退。亚急性临床型乳房炎主要表现为缓和的临床症状，患病部位的乳房不会出现红肿胀痛的症状，体温脉搏正常，但乳汁稀薄，外观呈灰白色，最初的乳汁 pH 值偏高，乳汁当中的体细胞数量显著升高，氯化物含量增加。慢性临床型乳房炎病牛不会表现出明显的临床症状，病变处乳房组织弹性减弱，略微僵硬，但能够排出正常乳汁或者比较黏稠且带黄色的乳汁，且乳汁里混杂凝乳块，往往产奶量减少，乳房略增大。

2. 隐性乳房炎

隐性乳房炎（Subclinical mastitis）又称亚临床型乳房炎。是肉眼观察无临床症状的一种乳房炎，在生产中容易错过最佳治疗时机。其特征是乳房和乳汁无肉眼可见异常，然而，乳汁在理化性质、细菌学上已发生变化。具体表现 pH 值 7.0 以上，呈偏碱性；乳内有乳块、絮状物、纤维；氯化钠含量在 0.14% 以上，体细胞数在 50 万个/mL 以上，细菌数和电导值增高。隐性乳房炎的发生率高于临床乳房炎，其占统计总数的 60%，隐性乳房炎与临床乳房炎比例为 1.48∶1，其中乳汁成分变化是诊断奶牛乳房炎一个重要的指标。

二、乳房炎的病原体

新疆地区的研究发现，奶牛乳房炎的主要致病菌是葡萄球菌、链球菌以及大肠杆菌，其中，北疆军垦区 7 个奶牛养殖场奶牛乳房炎的研究中发现，该地区主要致病菌为金黄色葡萄球菌，该细菌的分离率达到了 80%。综合各地报道情况可知，奶牛乳房炎细菌感染的类型以葡萄球菌属、链球菌属和肠杆菌科为主，具体到种水平上又以金黄色葡萄球菌、无乳链球菌、大肠埃希菌、肺炎克雷伯菌的分离率较高。该病主要由细菌感染引起，根据流行病学分为传染性乳房炎和环境性乳房炎两种类型。

1. 传染性乳房炎

传染性乳房炎一般是由传染性致病菌侵入乳房造成的感染，可导致奶牛产奶量下降、乳蛋白含量和乳糖含量下降等情况，从而影响乳品质，如果不及时治疗或治疗不当转成慢性乳房炎（慢性病例），乳腺组织呈渐进性炎症过程，泌乳腺泡较大范围遭受破坏，乳腺组织发生纤维化，常引起乳房萎缩和乳房硬结，乳腺组织纤维化与萎缩，导致奶牛被过早淘汰。病因多样，细菌、病毒和支原体等病原体均可引起传染性乳房炎。传染性病原体包括金黄色葡萄球菌、无乳链球菌、停乳链球菌、支原体等；无乳链球菌是临床乳房炎中最常见的革兰氏阳性细菌，其次是金黄色葡萄球菌，而克雷伯氏菌属和大肠杆菌是临床乳房炎中分离最多的革兰氏阴性菌。无乳链球菌和金黄色葡萄球菌主要通过接触传播，通常在挤奶时通过手、毛巾或挤奶设备从受感染的奶牛传播给健康奶牛。因此，畜群生物安全是减少和消除细菌的重要预防措施。

（1）金黄色葡萄球菌。葡萄球菌属于微球菌科，葡萄球菌属，为革兰氏阳性球菌。典型的金黄色葡萄球菌为球形，直径 0.8μm 左右，显微镜下排列成葡萄串状。金黄色葡萄球菌无芽孢、无鞭毛，大多数无荚膜，革兰氏染色阳性。本属细菌分布于自然界及动物的饲料及环境中，也存在于人和动物的皮肤黏膜。大部分是不致病的腐生寄生菌，仅少数可引起人和动物的局部炎症感染，甚至发生败血症。能引起奶牛、羊及其他动物乳房炎的葡萄球菌有金黄色葡萄球菌、表皮葡萄球菌、猪葡萄球菌、中间葡萄球菌、腐生葡萄球菌、溶血葡萄球菌等。其中，金黄色葡萄球菌是主要致病菌，其余为凝固酶阴性葡萄球菌，是牛体的常在菌群。

（2）无乳链球菌和停乳链球菌。革兰氏阳性球菌，成双，单个，短链排列。链球菌种类很多，广泛存在于自然界。常分布在水、乳、尘埃、动物植物的表面、呼吸道、消化道以及泌尿生殖道黏膜。由链球菌所致的奶牛传染性乳房炎，只要是无乳链球菌，该菌常通过挤乳或用具传播而引发乳房炎。停乳链球菌一般归为环境链球菌类。

（3）支原体。支原体又称霉形体，是目前发现的最小、最简单的细胞，大小为 0.1~0.3μm，也是一种没有细胞壁的原核细胞，革兰氏染色为阴性。

2. 环境性乳房炎

环境性乳房炎主要是由挤奶厅外传播的细菌引起的，即致病菌来自奶牛的环境，如垫料、土壤、粪便和积水。环境病原体包括大肠杆菌、环境性链球菌、凝固酶阴性葡萄球菌、肠球菌、大肠埃希氏菌、肺炎克雷伯菌、产气肠杆菌、沙雷氏菌、变形杆菌、志贺菌、沙门氏菌、绿脓杆菌。

（1）环境性链球菌。引起奶牛乳房炎的环境性链球菌有乳房链球菌、化脓链球菌、兽疫链球菌、牛链球菌和犬链球菌，临床上常见的主要为乳房链球菌，其他的较少见。乳房链球菌呈长链状，无荚膜，革兰氏阳性。

（2）凝固酶阴性葡萄球菌。凝固酶阴性葡萄球菌是葡萄球菌属的一类细菌，由多种凝固酶反应阴性的葡萄球菌所组成，约有20余种，其中，表皮葡萄球菌、腐生葡萄球菌、溶血葡萄球菌、木糖葡萄球菌、猪葡萄球菌、模仿葡萄球菌 6 种菌与奶牛乳房炎有关。它们是牛体的常在菌群。

（3）肠球菌。肠球菌为圆形或椭圆形，呈单个、成双，有时呈短链状排列，生长在固体琼脂上的菌呈短球状，无芽孢，革兰氏染色阳性，为需氧菌或兼性厌氧菌。

（4）大肠埃希氏菌。大肠杆菌为无芽孢的直杆菌，大小为（0.4～0.7）$\mu m \times$（2～3）μm，两端钝圆，散在或成对。大多数菌株有周生鞭毛，有些菌株还有性纤毛。除少数具有 A 型 K 抗原的菌株外。菌体两端偶尔略深染，革兰氏染色阴性。致病性大肠杆菌具有菌毛、K 抗原、内毒素，能产生外毒素、β 溶血素、血管渗透因子、细胞毒素、神经毒素等，当病菌感染机体后，这些毒性因子就引起相应的病理变化，导致动物疾病。

（5）肺炎克雷伯氏菌。革兰氏阴性肠杆菌，除大肠杆菌外，肺炎克雷伯氏菌是导致奶牛乳房炎的最重要的革兰氏阴性菌。

（6）产气肠杆菌。革兰氏阴性肠杆菌、杆状、兼性厌氧菌。广泛存在于人类和动物的肠道内，也可以在自然环境中找到。

（7）沙雷氏菌。革兰氏阴性肠杆菌，黏质沙雷氏菌和液化沙雷氏菌引起的乳房炎多呈慢性经过，也可发生没有特异性症状的临床性乳房炎。

（8）变形杆菌。肠细菌科（Enterobacteriaceae）中的一种革兰氏阴性运动细菌。细胞杆状；大小为（0.3～1.0）$\mu m \times$（1～6）μm。但也有不规则形状的细胞（包括丝状体）。为兼性厌氧菌。

（9）志贺菌。革兰氏阴性肠杆菌，志贺菌属有菌毛，能黏附于上皮细胞，引起炎症反应。所有菌株都有强烈的内毒素，A 群志贺菌能产生一种引起 Vero 细胞病变的外毒素。

（10）沙门氏菌。革兰氏阴性肠杆菌，都柏林沙门氏菌是适应牛体的细菌，本菌和鼠伤寒沙门氏菌多因通过牛的粪便污染乳房，引起牛的亚临床型乳房炎和持续感染。

（11）绿脓杆菌。革兰氏阴性肠杆菌，为机会致病菌，其致病性与该菌产生大量的内外毒素有关。

3. 其他细菌

其他病原菌包括化脓放线菌、牛棒状杆菌、分枝杆菌、巴氏杆菌、布鲁氏菌。

（1）化脓放线菌。可产生致死毒素和溶血毒素。

（2）牛棒状杆菌。本菌可以定植在乳头皮肤和乳头管内，可以引起乳汁体细胞数中度升高，可致轻度乳房炎。

（3）分枝杆菌。分枝杆菌多不发酵糖类，生化特性主要有烟酸试验、硝酸盐还原试验、过氧化氢酶和尿素酶试验。人型和牛型菌株能产生尿素酶。人型能还原硝酸盐，产生烟酸，牛型则不能。

（4）巴氏杆菌。多杀性巴氏杆菌引起的奶牛乳房炎虽不多见，但所致奶牛乳房炎发病急，所有病例几乎都有全身症状和乳房局部病灶，病牛呈明显急性败血症。

（5）布鲁氏菌。流产布鲁氏菌引起奶牛流产，临床上常发生关节炎、乳房炎、淋巴结炎等。流产布鲁氏菌侵害乳房引起乳房炎，轻者无明显的肉眼变化，重者体温升高，乳房坚硬，体温增高，疼痛、乳汁变质，呈黄色水样或絮状，乳量减少，甚至丧失泌乳能力。

三、传播途径和发病特点

1. 传播途径

奶牛乳房炎传播的主要途径是通过接触感染。接触传播的途径包括：牛舍环境尘埃多、不清洁、不消毒；牛粪堆积门外或堆积在排尿沟内；牛床潮湿，挤奶时随意将头几把奶挤在牛床上，又不及时冲洗、消毒；没有运动场或运动场泥泞，排水不良，浊水积聚；用一块毛巾擦洗很多牛，或用于擦洗手臂上的牛粪，牛棚真空泵调节器不清洁，或挤奶设备上的橡皮管未经常更换，或清洗挤奶设备不加任何消毒剂等。此外，泌尿生殖道、消化道、乳房及损伤的皮肤、黏膜等均可传播。

2. 发病特点

奶牛乳房炎一年四季均可发生，根据干乳期及饲养地区的不同，发病时间不同，北方地区在春季易发生，南方地区在夏季易发生。奶牛乳房炎的平均发病率高达 40%～65%，其中，临床型乳房炎的平均发病率为 2%～3%，隐性乳房炎的平均发病率为 38%～62%。据奶牛乳房炎发病情况调查发现乳房炎的发病率与奶牛胎次、奶牛年龄、日产奶量、挤奶操作技术水平及季节气候有一定的相关性：一是随着胎次升高，乳房炎的发病率呈上升趋势，发病率最低的为初产牛，后续不断提高，尤其 3 胎以上发病率高；二是乳房炎可出现于任何年龄，但年龄越大，越容易出现乳房炎，两者呈正相关；三是在挤奶操作中越严格、越规范，乳房炎发病率就越低；四是奶牛日产奶量和乳房炎发病率呈负相关，即随着日产奶量的增加，奶牛乳房炎的发病率在降低；五是乳房炎发病率呈季节性差异，不同地区之间的气候、环境条件的差异对乳房炎发病都有一定影响。

四、乳房炎诊断方法

及时、准确地检测出奶牛乳房炎是防治乳房炎的重要环节，也是减少损失的重要手段。临床型乳房炎，一般能通过牛奶、乳房的变化发现，包括检测牛只的精神状态、食欲、乳房外观的皮肤颜色和肿胀程度及产奶量、乳汁颜色（乳汁稀薄为水样或含有絮状物或乳凝块）来判断奶牛是否患有乳房炎。隐性乳房炎无典型临床症状，变化较小，无法通过观察判定奶牛是否患病，需要依靠实验室检测进行诊断，可用直接方法或间接方法来检测。间接方法可以通过乳汁理化检测和乳汁细胞学检测来判断牛奶成分的变化程度，直接方法是通过细菌学培养鉴定引起奶牛乳房炎的病原菌。

1. 乳汁体细胞检查法

乳汁体细胞检测法的原理是根据乳汁中体细胞的含量来进行判定。乳汁中体细胞主要包括巨噬细胞、淋巴细胞、中性粒细胞和嗜酸性粒细胞。在健康乳汁中体细胞数量一般小于 5 万个/mL，而当奶牛乳汁中体细胞数超过 50 万个/mL 时，可判定奶牛患乳房炎。按照 NY/T 2692—2016 规定进行判定，乳汁中的体细胞数量异常升高，高于 50 万个/mL 定义为乳房炎。乳中体细胞计数法常用的有直接计数和间接计数两种，直接计数法主要包括显微镜法、荧光光电计数仪法、库尔特计数仪计数法等；直接显微镜细胞计数法是牛奶体细胞数检测的标准方法，原理是将测试的生鲜牛乳涂抹在载玻片上形成样膜，干燥、染色，显微镜下对细胞核可被亚甲基蓝清晰染色的细胞计数。该方法准确度较高，是校正其他体细胞数方法和仪器准确性的基础。

间接计数法主要有加利福尼亚细胞测定法（California mastitis test，CMT）、威斯康星乳腺炎试验（Wisconsin mastitis test，WMT）、红外热成像法、pH 值法等。CMT 法的原理是利用表面活性剂（烷基芳基磺酸、溴甲酚红紫等）和强碱破坏细胞膜，使体细胞释放 DNA 等核酸物质，进而产生沉淀或形成凝块，根据凝块可估算体细胞数量。该方法只能将体细胞数划分一个大致的范围，无法确定体细胞具体数值。WMT 法是在 CMT 基础上建立的，原理基础和 CMT 法类似，所用到的表面活性剂也一样，但结果是测定值而不是估计值，比 CMT 法精度高。直接法测出的结果与体细胞数相关性高，因此认为与间接法相比，直接法测出的结果更准确。中国农业行业标准 NY/T 800—2004《生鲜牛乳中体细胞测定方法》提供了 3 种生乳中体细胞数测定的方法，即显微镜法、荧光光电计数体细胞仪法和电子粒子计数体细胞仪法。

2. 乳汁 pH 值检查法

当奶牛患乳房炎时，由于细菌数量和毒力的作用，引起炎症反应增强，血管通透性增加，使血液中的液体流入乳汁当中，引起乳汁 pH 值的升高。正常情况下牛乳 pH 值为 6.5~6.8，随着体细胞数的增加，pH 值可能超过7.0。因此，通过乳汁 pH 值来判断体细胞数的增加可作为奶牛乳房炎的判定条件。临床上常用溴麝香草酚蓝为指示剂，根据颜色值的不同可以区分乳房炎的类型或程度。乳汁 pH 值检测方法操作简单、费用低廉，但也存在着如因奶牛品种、身体代谢差异造成的检测结果假阳性、假阴性等缺陷，所以临床上一般会配合乳汁体细胞技术的方法使用。

3. 乳汁中细菌分离鉴定

按照 NY/T 2692—2015、NY/T 2962—2016 的规定进行检验和判定。常见病原菌的培养条件及菌落特点见表 3-1。按照《伯杰细菌鉴定手册》进行生化鉴定，或使用全自动微生物鉴定系统；或采用 16S rRNA 基因序列测定分析法。

表 3-1　常见病原菌的培养条件及菌落特点

病原菌	培养条件	菌落特点
金黄色葡萄球菌	普通培养基上生长良好，需氧或兼性厌氧，最适生长温度 37℃，最适生长 pH 值 7.4	平板上菌落厚、有光泽、圆形凸起，直径 1~2mm。血平板菌落周围形成透明的溶血环
凝固酶阴性葡萄球菌	直接接种血平板，35℃培养 18~24h，部分延长至 48~72h	产生刚果红
无乳链球菌	在血琼脂平板上 35℃培养 18~24h	形成灰白色、表面光滑、有乳光、圆形、β 溶血的菌落。部分菌株无 β 溶血环
停乳链球菌	在血琼脂平板上 35℃培养 18~24h	形成圆形、光滑、凸起、有 β 溶血环的菌落
乳房链球菌	在含有血清的培养基上生长良好。血平板经 37℃培养 18h 即可	在血平板上呈淡灰白色、隆起、闪光的小菌落
支原体	需马血清，培养基 pH 值 7.9 最佳，生长缓慢，CO_2 条件培养 5~7d	呈"油煎蛋"样，边缘整齐圆滑，四周较薄、中央较厚，瑞氏染色呈淡紫色，吉姆萨染色呈蓝色

（续表）

病原菌	培养条件	菌落特点
肠球菌	在普通培养基上生长不良，在含有绵羊血的琼脂培养基上生长良好	灰白色、不透明、表面光滑、直径 0.5～1mm 大小的圆形菌落
大肠埃希氏菌	在普通琼脂培养基上生长良好	在普通琼脂培养基上呈圆形，边缘整齐，半透明状，表面光滑，有的呈凸起状。在伊红亚甲蓝琼脂培养基上呈现为深紫黑色、光滑、带有金属光泽的圆形菌落
肺炎克雷伯氏菌	在普通琼脂培养基上生长良好	形成较大的灰白色黏液菌落，以接种环挑之，易拉成丝
变形杆菌	在基础培养基（和含氰化钾的培养基）上生长，在 20～40℃ 繁殖旺盛	一般单个菌落。在 SS 平板上可以形成圆形、扁薄、半透明的菌落
志贺菌	在普通琼脂培养基上生长良好	培养 24h，形成直径达 2mm 大小半透明的光滑型菌落
沙门氏菌	在普通琼脂培养基上生长良好	形成中等大小、圆形、表面光滑、无色半透明、边缘整齐的菌落
绿脓杆菌	普通琼脂或肉汤生长良好，培养适宜温度为 35℃，pH 值为 7.2	普通琼脂形成光滑，微隆起，边缘整齐波状的中等大菌落；在肉汤中可以看到长丝状形态
分枝杆菌	固体培养法，使用高温凝固形成固体培养基，2～3 周可见细菌生长；液体培养法，可在液体中与营养物质充分接触，1～2 周可见细菌生长	菌落呈黄色，不透明，边缘圆整，表面有光泽，黏滞
巴氏杆菌	普通肉汤即可生长	菌落呈现橘红色，边缘稍带狭窄的黄绿光的 FO 菌落型
布鲁氏菌	温度为 35℃，pH 值为 6.6～7.4。可在布氏琼脂、血琼脂、胰蛋白大豆琼脂培养基上生长	在血平板上经 5～7d 的培养，可形成微小、灰色（久置可呈黄色）、圆形、凸起的光滑型（S）菌落

4. 分子生物学技术检测方法

分子生物学技术在奶牛乳房炎检测方面应用越来越多，国内外学者针对乳房炎不同种类致病菌研发出多种检测方法。聚合酶链式反应（Polymerase chain reaction，PCR）方法是利用细菌特有基因设计引物，在体外扩增细菌 DNA 片段，短时间内扩增至几百万倍，然后鉴定病原菌种类。常用的 PCR 方法包括单一 PCR、多重 PCR，荧光定量 PCR。多重 PCR 检测是在体系当中加入两对及两对以上的引物，不断优化反应条件，最后一并检测出多个细菌。

5. 基于高通量测序技术检测乳汁病原菌的方法

高通量测序技术指的是运用高通量测序平台能够一次对几十万个到几百万个的 DNA 分子进行测序的新方法，因其测序量大且能够检测到未知基因被称作深度测序。高通量测序技术目前在奶牛乳房炎细菌鉴定方面已经非常成熟，给奶牛乳房炎细菌多样性、菌群丰度方面的检测带来了质的飞跃。以往的细菌分离依靠传统的培养法，这种方法耗时长且有些细菌不能培养，导致结果出现偏差，因此，应用高通量测序技术通过一次对成百上千万个 DNA 进行测序能够将牛奶中病原菌更完整更准确地检测出来。

五、乳房炎的预防和管理

乳房炎的预防原则是定期进行病原菌的分离鉴定，并进行药敏试验，采取药物防治为主，并结合其他切断乳房炎传播的综合防治措施。依据奶牛主要病原菌的流行规律，尤其是针对干奶期奶牛，实施定期乳房给药，重点进行预防和治疗干奶期奶牛乳房炎。重点防治泌乳期奶牛乳房炎。养殖场的环境卫生质量应满足 NY/T 14—2021、NY/T 5049—2001 的要求，饮用水应符合 NY/T 5027 要求，污水、污物处理应满足 GB 8978、GB 18596 规定。饲养过程中要加强饲养管理，科学合理饲喂，并进行卫生防疫。

1. 乳房炎的抗生素治疗

抗生素的使用主要集中在哺乳期和干奶期。临床上常用的抗生素主要种类是青霉素类（青霉素、氨苄西林、阿莫西林）、头孢菌素（头孢噻呋）类以及氨基糖苷（庆大霉素）类等。对分离的金黄色葡萄球菌、大肠杆菌、无乳链球菌等致病菌进行药敏试验，结果表明分离菌对常规抗生素都呈现出不同程度的耐药性，部分致病菌表现为多重耐药性，致病菌产生耐药性在很大程度上与抗生素的使用有关，也与抗生素滥用有关。近年来，全球开始关注与重视乳房炎治疗中的抗生素使用问题。奶业发达地区和国家如欧洲、美国已经颁布多项相关法律法规以规范抗生素使用。2017 年，我国农业部兽医局组织起草了《全国遏制动物源细菌耐药行动计划（2017—2020 年）》，2018 年国家制定了《兽用抗菌药使用减量化行动试点工作方案》。随着乳房炎致病菌诊断技术的发展，"因菌治疗"乳房炎方案逐渐被接受。首先，对乳房炎阳性牛奶样进行细菌分离鉴定，然后，进行药敏试验，筛选有效抗生素进行治疗，有针对性地用药可以有效减少抗生素的使用，同时，提升细菌感染治愈率。需定期开展相应的病原菌检测，指导合理地用药。另外，对于症状较轻的隐性乳房炎，考虑选用中草药代替抗生素进行预防与治疗，如雪白睡莲花对奶牛乳房炎主要致病菌有一定的抑菌和抗炎作用，金银花提取物可提高围产期奶牛的抗氧化性能，抑制致病菌的生物活性，有效降低围产期奶牛炎症性疾病的发生率。此外，微生态制剂等替代药物或中西医结合治疗方法、噬菌体疗法也处于研究阶段，将来或可有效应用于实践，以减少抗生素的使用。

2. 疫苗免疫

疫苗接种是预防乳房炎发生的有效途径。但乳房炎疫苗开发方面进展较慢，目前，可用的乳房炎疫苗仅对大肠杆菌乳房炎有较好疗效，革兰氏阳性乳房炎疫苗（如金黄色葡萄球菌疫苗）在多数情况下保护效果十分有限。疫苗的大规模使用推广还需要一定的时间来实现。

3. 加强奶牛的饲养管理

为了降低奶牛乳房炎的发生率，需要改善奶牛养殖环境，合理选择垫料，定期对牛舍、共用器具等进行清理消毒和维护。饲喂的草料尽量不要过于单一，搭配要合理，在日粮中添加中草药提高奶牛抵抗力，饮用水必须清洁。同时减少圈舍中奶牛数量，避免因挤压造成外伤；有条件的地方，要让奶牛每天运动不少于 4h，增强奶牛体质。牛舍要符合兽医卫生标准，具有良好的通风设施，定期消毒，圈舍内要经常打扫，防止粪尿的贮积及减少氨气等恶臭味。如果环境的清洁与消毒不够及时、规范，细菌就会大量滋生，侵入奶牛身体引发乳房炎，群体之间易感染。奶牛大部分时间都是趴卧在卧床上，而卧床的垫料作为奶牛乳房直接接触的环境，是环境性致病菌的主要聚集地。牛体表面要经常刷拭、清洁，尽量减少环境中致病微生物，以降低乳房炎的感染概率。加强对奶牛的日常观察，及时发现患病牛。在奶牛养殖生产过程中，对传染性及环境性病原菌的防控应同样重视，既要搞好饲养环境卫生，注重清洁消毒，勤换卧床垫料，减少接触环境致病菌，也应在挤奶和乳房护理过程中注重防范传染性病原菌的传播。饲养人员应定期查，建立健康档案。患有慢性疾病，尤其是患有布鲁氏菌病和结核病等人兽共患病的患者，不得从事奶牛饲养工作。

第二节　奶牛子宫内膜炎

子宫内膜炎是奶牛常见病之一，发病率高达 20%~30%，主要发生在母牛分娩后或流产后引起的子宫黏膜的炎症，是一种常见的母牛生殖器官疾病，也是导致母牛不孕的重要原因之一。子宫内膜炎的特征是子宫排出恶臭渗出物，伴有或不伴有发烧，阴道排出大量脓性分泌物。子宫内膜炎对奶牛繁殖的影响大小根据炎症的程度、子宫内膜损伤程度、子宫内膜腺体的损伤情况、输卵管环境的改变。子宫内膜炎的炎性产物或产生的细菌毒素会直接危害精子，阻碍受精卵的形成，且使已形成的胚胎不能着床，在临床上造成屡配不孕和孕期流产，所以子宫内膜炎是引起奶牛不孕的重要因素之一。

一、子宫内膜炎的分类和依据

根据病程可分为急性子宫内膜炎和慢性子宫内膜炎，临床上慢性子宫内膜炎较常见。此外，按照炎症性质可分为卡他性子宫内膜炎、化脓性子宫内膜炎、卡他脓性子宫内膜炎、坏死性子宫内膜炎、纤维蛋白性子宫内膜炎等。

1. 急性子宫内膜炎

急性子宫内膜炎多见于分娩后或流产后 2~3d，在此期间母牛受到内源性和外源性的感染引起了子宫内膜炎病症。患病母牛体温快速升高，最高达到 40℃，母牛出现精神状态变差，食欲减退或废绝，泌乳减少或停止等症状。患病母牛经常拱背、努责、常做排尿姿势，从阴门排出黏液性或黏液脓性分泌物，卧地时排出量增多，阴门周围及尾根常黏附渗出物并干涸结痂。阴道检查，子宫颈稍微开张，有时可见脓性分泌物从子宫颈流出。直肠检查子宫出现明显的松弛、波动现象，按压时会流出灰白色、褐色分泌物，子宫角粗大肥厚。严重患牛子宫分泌物呈现污红色或棕色，具有臭味。严重出现昏迷，甚至死亡。

2. 慢性子宫内膜炎

慢性子宫内膜炎多由急性炎症转变而来，全身症状常不明显，有时体温略微升高，精神欠佳，食欲及泌乳减少，发情周期不正常，母牛发情次数也会减少，难以妊娠。母牛阴道内出现透明的黏膜和絮状物体，随着病情加重阴道内慢慢排出灰白色或黄褐色稍稀薄的脓汁，黏附在病牛的尾根、阴门、大腿上形成薄痂。同时，母牛患有慢性子宫内膜炎时，其阴唇会出现肿胀，且出现体重下降等问题。病牛卧地时会有大量分泌物流出，附着在尾根、阴门位置。阴道检查发现子宫颈外部有充血现象。直肠检查后还可发现子宫壁松弛，子宫壁收缩力减弱，宫壁厚度不一致，一侧或两侧子宫角稍大，冲洗子宫的回流液混浊，像面汤或米汤，其中夹杂有脓块和絮状物。

二、奶牛子宫内膜炎的病因

引起奶牛子宫内膜炎的原因主要包括配种、人工授精及阴道检查时消毒不合格，分娩、助产、难产、胎衣不下、子宫脱出、阴道炎、腹膜炎、胎儿死于腹中及产道损伤后，或剖宫产时无菌操作不合格，细菌、病毒感染。此外，阴道内存在的条件性病原菌，在机体抵抗力降低时，也可引起奶牛子宫内膜炎。

1. 饲养管理和操作

（1）当母牛分娩后胎衣不下，滞留在子宫内部会引起产后感染。如出现胎衣不下、剥离不干净、手术分离等情况也会使母牛子宫内膜受到损伤。当子宫内膜受到损害后，一些细菌易侵入体内，引发子宫内膜的炎症。

（2）输精人员在输精过程中操作鲁莽，输精器械造成生殖道损伤，输精相关器材如清洗、消毒、杀菌不合格都可能诱发奶牛子宫内膜炎。奶牛分娩时胎儿的生产和助产可能造成子宫黏膜的浅表严重损伤。这些操作因素会给病原菌的侵入创造条件，容易诱发子宫内膜感染。

（3）母畜妊娠过程中由于缺钙或缺乏其他矿物质、维生素等，会导致母牛体况下降和免疫力降低，当饲养管理不当，如圈舍卫生环境差，增加了奶牛子宫内膜炎的发病率。当母牛产犊后和泌乳时的营养条件不能满足，且没有采取补饲措施，同样会导致母畜体况下降，免疫力降低，出现子宫内膜炎。

2. 微生物病原菌引发

目前，从子宫内膜炎的病牛子宫内分离出的细菌主要有葡萄球菌、链球菌、大肠杆菌、棒状杆菌、假单胞菌、变形杆菌、坏死杆菌、绿脓杆菌、嗜血杆菌等。随着微生物组学的发展，人们对引起子宫内膜炎的微生物有了新的认识。健康牛子宫微生物是由有益菌和机会致病菌混合组成，在发生子宫内膜炎 1~4d 后，奶牛子宫中微生物组成发生了变化。患子宫内膜炎的奶牛子宫内微生物种群多样性较低，且厌氧病原体的相对丰度较高，如坏死梭杆菌、化脓性拟杆菌。

三、传播途径和发病特点

奶牛子宫内膜炎的微生物病原菌传播途径多种多样，一旦感染了繁殖阶段的母牛，可引起生殖系统表现出严重的炎症反应。母牛在妊娠阶段，如果不重视饲料中营养物质的搭配，饲料营养价值单一，甚至存在霉变现象，一旦各种有毒有害物质或致病菌侵入机体后，会造成母牛出现不同程度的妊娠停止和流产，产下死胎、僵尸胎，并在流产后发生繁殖障碍，引起子宫内膜出现炎症。

四、子宫内膜炎诊断方法

1. 临床检查

子宫内膜炎患畜表现拱背、努责、尾根翘起、常作排尿状，常从阴门中流出黏液。患有脓性子宫内膜炎的母牛，表现为全身症状，病牛呈现体温高、精神不佳、食欲不振以及不正常的发情现象，常常从阴门处流出一些灰白色、褐色的脓性分泌物。通过临床症状可以进行初步判断，临床检查一般应用阴道检查和直肠检查方法。

（1）阴道检查。通过检查阴道黏膜的颜色、湿度、损伤、炎症、肿物及溃疡进行判断。

（2）直肠检查。通过触摸子宫质地与收缩性可诊断子宫内膜炎。检查发现子宫角明显增厚，子宫角弹性逐渐减弱，收缩反应逐渐消失，甚至产生子宫积液。在患有脓性子宫内膜炎的母牛进行直肠检查时发现，子宫角明显粗大，变硬，并存在严重的子宫积脓现象。

2. 实验室诊断方法

（1）检测奶牛的生理生化指标。奶牛子宫内膜炎引起的生理生化指标变化是间接用于诊断子宫内膜炎的指标。健康牛在生产当天白细胞数、红细胞数、血红蛋白含量下降，与其他时期比较差异显著。患子宫内膜炎奶牛产后血液白细胞数、红细胞数、血红蛋白含量变化出现了紊乱，其中，白细胞数量显著增加。血清总蛋白含量在产前较高，生产时最低，产后开始上升。血清中碱性磷酸酶（Alkaline Phosphatase，ALKP）含量于产前开始上升，至生产时奶牛血清中 ALKP 含量达最大值，与其他时期比较差异极显著，产后略有降低。

（2）阴道分泌物检查。还可以根据阴道分泌物的 pH 值和阴道黏液来进行实验室诊断。分泌物的 pH 值测定是取奶牛阴道深部分泌物 1 滴，用 pH 试纸检测分泌物的 pH 值，若 pH 值低于 7.0，可能感染子宫内膜炎。阴道黏液测定方法是取发情母牛黏液 1 滴，再加入 1 滴活力正常的精液，在显微镜下观察精子状态，若精子很快死亡，表明被检母牛可能感染隐性子宫内膜炎。必要时需要用硝酸银试剂进一步诊断。取奶牛尿液 2mL，加入 5.0%硝酸银试剂 1mL，在沸水中煮 2min，试剂底部发黑或有黑色沉淀，可判断为子宫内膜炎，若颜色发浅或褐色即为正常奶牛。

（3）细菌检查法。无菌操作提取子宫分泌物，并对其做病原微生物的判定，具体方法参考第一节奶牛乳房炎。

五、子宫内膜炎的防控措施

1. 加强日常饲养管理

科学合理饲养，饲料中搭配一定比例的维生素、微量元素和矿物质元素等，提高科学饲养管理水平，增强奶牛体质，提高奶牛抗病、防病能力。奶牛饲养环境的场内卫生要做到定期清扫、消毒厩舍、产房，保持厩舍干净、通风，并做好厩舍冬季防寒保暖、夏季防暑降温工作。

2. 制定奶牛人工授精操作程序

在奶牛人工授精时，技术人员必须严格遵守操作程序，对输精器、手套等输精用品和奶牛外阴部进行消毒，防止奶牛生殖器官因感染链球菌、葡萄球菌、化脓棒状杆菌、大肠杆菌等致病菌而引起相关疾病。

3. 加强奶牛的分娩管理，避免产道损伤和感染

应将待产的奶牛单独饲喂，以免发生奶牛流产。待产分娩区应严格清洁、消毒。奶牛分娩需要助产师耐心细致地规范操作。当奶牛出现子宫脱出、产道损伤等情况时必须进行消毒、并及时采取进一步治疗和处理，防止奶牛子宫内膜炎发生。

第三节　奶牛流产

奶牛流产是指母牛发生妊娠中断的症状，包括产死胎、产木乃伊胎、胎儿腐败气肿、隐性流产等。奶牛流产是临床上一种常见的疾病，困扰了很多奶牛场的繁育过程。当内分泌紊乱、供给营养不足、胚胎发育不正常、机械损伤、饲料中毒、应激反应、治疗不当、细菌和病毒感染可引起妊娠奶牛流产。对妊娠奶牛需要加强日常饲养管理，预防母牛流产的发生，做好保胎和流产后的治疗工作，确保奶牛的繁殖性能和养殖效益。

一、奶牛流产的类型和症状

奶牛流产的原因不同，引起的流产症状也不同，根据胎儿发育情况一般将奶牛流产分为四种。

1. 隐性流产（又称胚胎消失）

隐性流产是指妊娠早期胚胎死亡、液化而被母体吸收引起的流产。母牛发生隐性流产时，无明显的临床症状，往往不易被发现。表现为屡配不孕或返情推迟，妊娠率降低。

2. 排出未足月胎儿

排出未足月胎儿主要有小产和早产两种情况，小产是指排出未经变化的死胎，胎儿及胎膜很小，常在无分娩征兆的情况下排出，多不易发现；早产是指排出不足月的活胎，在胎儿排出前 2~3d，妊娠牛乳腺突然膨大，阴唇稍微肿胀，阴门内有清亮黏液排出，乳头内可挤出清亮液体。妊娠牛出现腹痛、起卧不安、呼吸和脉搏加快等。早产的胎儿较正常胎儿成活率低。

3. 死胎

死胎可分成胎儿干尸化、胎儿浸润以及胎儿腐败。胎儿腐败是指胎儿在子宫内由于感染厌氧菌而发生腐败分解。

（1）胎儿干尸化也叫作木乃伊，是胎儿死于子宫内，胎儿及胎膜水分被吸收后体积缩小变硬，胎膜变薄紧包于胎儿，呈棕黑色，犹如干尸。母牛表现为发情停止，但随妊娠时间延长腹部没有继续增大。直肠检查，没有胎动，子宫内无胎水，但有硬固物，子宫中动脉没有变粗且无妊娠样搏动，牛的一侧卵巢有十分明显的黄体。

（2）胎儿浸润是胎儿在子宫内死亡，非腐败性微生物从子宫颈开口侵入，使胎儿软组织液化分解后被排出，因为子宫颈开口较小，所以胎儿骨骼仍存留在子宫内。患牛表现精神沉郁、体温升高、食欲减退、腹泻、消瘦、努责时可排出红褐色或黄棕色的腐臭黏液或脓液、偶排出小短骨头，黏液污染尾部和后躯、后结成黑痂。阴道检查存在子宫颈开口，阴道和子宫发炎，在子宫颈或阴道内可摸到胎骨；直肠检查时子宫内能摸到残存的胎儿骨片。

（3）胎儿分解（胎儿气肿）。胎儿死于子宫内，由于子宫颈开口，腐败菌或厌氧菌侵入，使胎儿内部软组织腐败分解，产生硫化氢、氨、丁酸及二氧化碳等气体积存于胎儿皮下组织、胸、腹腔及阴囊内。母牛表现腹围增大、精神不振、呻吟不安、频频努责从阴门内流出污红色恶臭液体、食欲减退、体温升高。阴道检查产道有炎症，子宫颈开口，触诊胎儿有捻发音。

4. 习惯性流产

习惯性流产是指妊娠母牛连续超过 3 次发生流产，主要是由于幼稚子宫、孕酮分泌不足而引起。

二、奶牛流产的病因

引起妊娠母牛流产的原因较多，包括饲养管理不够科学、感染传染性疾病、母牛自体出现病变等都有可能引发奶牛流产。对养殖影响相对较大的是传染性疾病引发的流产，传染性疾病具有较强的传播性，且传播途径较为广泛，一旦发病会给整个养殖场带来影响，造成巨大的经济损失。

1. 传染性流产

在传染性因素中，细菌感染是引起妊娠母牛流产的主要原因，病毒和真菌数量较少，常见寄生虫感染主要包括犬新孢子虫和三毛滴虫，其中前者占绝对优势。传染性病原体可通过胎儿致病性（如犬奈瑟氏菌）或诱导胎盘炎（如贝纳氏菌）引起母牛流产。传染性流产由可传播扩散的病原微生物感染导致，如常见的布鲁氏菌、衣原体、病毒性腹泻病毒等。病原微生物感染生殖系统后会破坏子宫内膜，导致其发炎，结构发生变性，对胎盘的附着力降低，最终导致胚胎与母体分离而流产。还有些病原微生物虽然不直接感染生殖系统，但可对其他系统造成机能障碍，间接影响胚胎发育，比如牛感染巴氏杆菌后引发呼吸障碍和全身败血症，机体长期缺氧，血液毒素长期积累得不到外排时会影响胎儿发育。此外母牛因感染肠道菌而长期腹泻时，饲料营养得不到充分消化和吸收，久之胎儿也会因营养缺乏而发育停止等。普通产科疾病一般不具有传染性，尽管有时也是由致病微生物感染生殖系统导致，但这些微生物基本仅局限在病牛的生殖系统局部，无传播力。比如因手术无菌操作不严格，导致母牛妊娠期内出现宫腔感染，胎儿的发育就会受到影响而流产。临床还可见到某些产科疾病是产后感染导致的，虽然感染的病原体短时间内对配种不产生影响，但在妊娠后会大量繁殖，进而影响胎儿的发育。

2. 非传染性流产

饲养管理和母牛本身出现病变是奶牛流产的非传染性原因，根据导致流产的问题针对性地进行防治，不会引发大规模的暴发，总体上可以得到较为有效的控制。

（1）在饲养管理中，药物和饲料使用及应激引起的奶牛流产。药物因素是临床不可忽略的一个重要因素，妊娠母牛患病时，选择使用不合理的药物治疗也可导致流产，如己烯雌酚、前列腺素、催产素、盐酸士的宁、氢化可的松、地塞米松、醋酸、硫酸奎宁、硫酸钠、硫酸镁、硝酸毛果芸香碱、氨甲酰胆碱以及其他妊娠禁忌的药物，都可使其发生流产。严格来讲，处于妊娠期的母牛应慎用化学药物，尤其是妊娠前 2 个月，胚胎刚着床，胎盘也还在发育，过多使用化学药物容易对胚胎发育产生不利影响。所有药物中，对妊娠影响最大的为激素类和拟胆碱类两种药，极易引发妊娠牛流产。母牛妊娠期间，体内孕激素含量会显著升高，雌激素受到抑制，若不慎使用雌激素功能的药物，则子宫颈口就会变得松软，孕激素水平也会下降，最终导致流产，常用药物有雌二醇、地塞米松等。拟胆碱类药物可促进子宫平滑肌的蠕动，使发育中的胎儿受到挤压，容易剥离胎盘而流产，如氨甲酰胆碱、毛果芸香碱等。需要提醒的是，某些激素类药物也具有促进子宫平滑肌蠕动功能，妊娠期间也要禁止使用，如催产素、垂体后叶激素等。

饲料因素主要是指饲料发霉产生的霉菌毒素，霉菌是真菌类微生物，代谢产物种类以毒素形式存在，如玉米赤霉烯酮、黄曲霉毒素、赭曲霉毒素、T2 毒素、呕吐毒素等。霉菌毒素是孕期母牛的隐性杀手，如玉米赤霉烯酮具有明显的类雌激素样作用，长期饲喂霉变饲料会扰乱母牛正常的激素水平，孕酮的分泌受到抑制，子宫颈口变得松弛，胎儿易附着不稳而排出宫腔外。某些严重霉菌中毒的牛还会出现妊娠期内假发情的情况。

一般小的应激成年母牛能很好地克服，但较大的应激反应，超出机体的承受能力时，体内生理机能就会发生紊乱，导致胎儿发育受到影响而流产。如夏季牛舍温度长期高于 30℃，相对湿度大于 60% 时，牛体散热小于产热，体温升高，容易发生中暑性流产。如口蹄疫疫苗接种时会产生免疫性应激反应，表现为体温升高、采食下降、烦躁不安等，很容易致使流产。特殊原因母牛群需要转运时，距离较远或者路途颠簸严重，部分牛也会因运输应激而发生流产。除此之外，天气突变、断水断料、噪声影响等都会影响母牛的妊娠期性能，对流产起到诱发作用。

（2）母牛身体健康状况影响奶牛流产。母牛在生产过程中，由于自身生殖系统发育不良，或者受到某种侵害，容易发生流产时，往往会引起习惯性流产的发生。母牛患有子宫内膜炎、胎盘异常、绒毛膜发育不全、胎膜水肿、羊水过多等疾病会引发流产。由于母牛感染这些疾病后，都会直接对子宫内胎儿的发育直接产生影响，致使胎儿无法正常生长和发育，或者受到病菌侵入感染发病，最终引起中止发育或死亡。同时，生殖激素分泌失调也会导致母牛流产。母牛分泌激素发生失调后，不仅会引起机体新陈代谢紊乱，影响自身对营养物质的消化和吸收，而且还会进一步危害胎儿发育，引起母牛流产。

3. 其他因素

养殖生产过程中还存在其他因素引发流产，如地面湿滑导致母牛摔倒时，腹中胎儿会受到剧烈撞击而导致胎盘剥离，脐带断裂，导致流产发生。母牛之间因为饲料、空间等原因打架，相互抵撞造成流产。还有牛妊娠期间出现瘤胃胀气和便秘等疾病，胃肠体积的增大挤压了盆腔空间，致使胎儿的活动受到影响，严重者会将胎衣挤破，羊水流出而发生流产。

三、奶牛流产诊断方法

流产的诊断包括流产类型的确定，应确定引起流产的病因，如为传染性流产，应及早采取措施，检测感染的微生物致病菌。参考流产母牛的临床表现、发病率和母牛生殖器官及胎儿的病理变化等来怀疑可能的病因并确定检测内容。通过详细的资料调查与实验室检测，最终作出病因学诊断。

四、奶牛流产的治疗

一定要加强对妊娠母牛的观察，做好先兆流产的保胎和流产后的治疗。如果没有及时发现母牛发生流产现象，轻者致使母牛发情推迟、延长空怀期，严重的会危及母牛的生命和健康。在日常管理中，要有高度的责任心，时刻关注妊娠母牛的行为和状况，定期对妊娠情况进行监测，以便及时发现异常情况，采取有效的保胎措施，帮助母牛顺利生产，降低流产情况的发生。

1. 做好保胎工作

如果母牛有先兆流产，首要任务就是保胎。可以肌内注射 $100\sim200$IU/次的黄体素和皮下注射 $80\sim120$mg/次的孕酮，每日 1 次，连续使用 $2\sim3$d。给予镇静剂氯丙嗪，禁止阴道检查。也可以同时使用中药进行辅助治疗，提高保胎效果。

同时，加强饲养管理，改善母牛生活环境，保证温度、湿度和空气良好，供给营养全价饲料，提高母牛体质和免疫力。减少母牛劳役量，提供充足的休息时间，铺设松软的垫草，避免母牛腹部受到冷刺激。减少对有流产征兆母牛的惊吓和刺激，帮助其静心养胎和保胎。

2. 做好流产后的治疗

对症治疗，如果母牛产木乃伊胎，就要对其进行引产。引产有药物流产和手术引产两种方式，药物治疗可使用地塞米松，手术引产即使用器械将子宫颈口扩张后取出胎儿，引产后要在子宫内使用抗菌药物，并同时使用具有补养气血功效的中药进行调理。如果出现胎儿腐败气肿，要及时冲洗子宫或剖腹取出骨骼。在冲洗子宫时要防止子宫发生破裂，小心处理患有严重炎症的子宫。

如果母牛出现了全身性症状，需要消炎抗菌。如果母牛出现早产或小产，则以活血化瘀补养气血为主，可使用加味生化汤进行活血化瘀、使用补中益气散进行补养气血。

五、奶牛流产的预防和管理

一是防止外来病菌入场。不从疫区购买、引进牛及其相关产品。引进牛只时，要进行疫情调查，实验室检测无病才能引进。引入的牛只入场前必须进行严格检疫，隔离观察 1 个月，确认健康后方能混群。

二是加强牛场牛群检疫。每年定期对常见传染性疫病进行检疫，淘汰阳性的病牛。病畜的排泄物及垫料等进行无害化处理。

三是定期进行免疫接种。根据养殖场疫病免疫程序和国家强制免疫要求进行免疫接种。

四是平日加强饲养管理。牛的日粮要全价，饲料和饮水要干净新鲜，保持良好的饲养环境，定期杀灭苍蝇、蚊子等动物性传播媒介。

第四章

奶牛其他常见疫病及诊断

第一节　常见病毒病

一、牛传染性鼻气管炎

牛传染性鼻气管炎（bovine infectious rhinotracheitis，IBR），也被称为病毒性鼻炎、坏死性鼻炎。我国将该病列为二类动物疫病，其病原为牛传染性鼻气管炎病毒，患病牛会出现明显的高烧、呼吸困难、鼻炎、上呼吸道炎症水肿等诸多临床症状，因此养殖人员要密切留意，及早发现并隔离诊治，减少经济损失。

1. 病原特征

牛传染性鼻气管炎病毒（IBRV），又称牛（甲型）疱疹病毒或牛疱疹病毒Ⅰ型（BoHV-Ⅰ），属于疱疹病毒科，疱疹病毒亚科，甲水痘病毒属。该病毒为有囊膜的双股 RNA 病毒，能在多种细胞培养物中生长并产生细胞病变，如原代牛肾、肺或睾丸细胞及牛肾细胞（MDBK）等传代细胞系。病料上清接种易感细胞即出现细胞聚集、巨核合胞体细胞等细胞病变。被感染细胞用苏木紫伊红染色后可见嗜酸性核内包涵体。该病毒只有一个血清型。与马鼻肺炎病毒、马立克氏病病毒和伪狂犬病病毒有部分相同的抗原成分。

病毒在 4℃ 可保存 1 个月，37℃ 存活 10d 左右，−60℃ 可保存 9 个月，对冻干、冻融也很稳定，但在 63℃ 以上数秒内可被灭活。病毒适宜 pH 值为 6.9~9.0，在 pH 值 4.5~5.0 下可被灭活。病毒对乙醚、氯仿、丙酮敏感。多种消毒剂均可使病毒灭活，如 0.5% 氢氧化钠、0.01% 氯化汞、1% 漂白粉、1% 酚衍生物和 1% 季铵盐在数秒内灭活，5% 甲醛溶液 1min 内灭活；将污染物品暴露在 38% 甲醛气溶胶（20mL/m³）6h、次氯酸钠溶液（相当于 1.5% 活性氯，200mL/m³）1h、3% 过氧乙酸（200mL/m³）1h，0.25~

1.6mg/L 臭氧可灭活病毒。

2. 流行病学

牛传染性鼻气管炎病毒可感染任何品种、性别以及日龄的牛，尤其是20～60 日龄的肉用犊牛发病率最高，成年牛及乳用牛发病率低。该病的主要传染源是患病牛和带毒牛，尤其是隐性发病的种公牛，其精液中携带大量病毒，不易被发现，是非常危险的传染源。病毒可在牛的鼻腔、眼睛、排泄物、分泌物中生存，然后通过直接接触传播和交配传播，亦可间接接触被病牛污染的饲料、饮水等传播。病毒的主要传播渠道为呼吸道黏膜、生殖道黏膜以及眼结膜，软壳蜱等吸血昆虫亦是该病的重要传播媒介。该病一年四季均可发生，尤其是秋季和冬季，因气候寒冷，进入牛传染性鼻气管炎的高发期。牛养殖时，若饲养管理不到位，牛舍卫生条件差，通风光照不良，阴暗潮湿，频繁更换饲料，遭遇冷热应激和长途运输应激，营养补充不足，会导致牛的抵抗力下降，进而诱发牛传染性鼻气管炎等疾病。据统计，自然条件下牛传染性鼻气管炎的发病率为 20%～100%，致死率为 1%～10%。

3. 临床症状

牛传染性鼻气管炎具有一定的潜伏期，多为 4～6d，潜伏期过后开始发病，其类型和症状表现主要如下：

（1）传染性鼻气管炎型。病毒入侵牛上呼吸道黏膜，导致病牛出现急性卡他性炎症表现，发病后 24～48h，病牛高烧 39～42℃，流浆液性、脓性鼻液，鼻液中掺杂着一些血液，鼻黏膜充血溃疡，呼吸困难，呼出恶臭味气体，食欲下降，体重减轻，乳用牛和哺乳期母牛产奶量快速减少。无继发感染的情况下，病牛发病 7～10d 症状逐渐好转并恢复。

（2）结膜炎型。结膜炎型病牛，往往是鼻气管炎型的伴发症，但不会出现非常明显的呼吸道症状。病牛结膜发炎，角膜混浊，结膜和角膜出现坏死性的斑点或者脓疱，颜色为白色。病牛患处水肿明显，潮红，按压触摸有疼痛感，病牛拒绝检查诊治。

（3）流产型。流产型病牛，常见于妊娠 5～7 个月的初产母牛，尤其是伴有结膜炎型的病牛，流产率极高。病毒在病牛的呼吸道黏膜内大量繁殖，然后经血液循环至胎膜，胎儿感染病毒后 1 周左右死亡，死亡后 1～2d 排出体外，产下的胎儿多为死胎、木乃伊胎。

（4）脑膜脑炎型。脑膜脑炎型病牛，多发于 3～6 月龄的犊牛以及青年牛，体温一般在 40℃以上，病牛共济失调，阵发性痉挛，盲目转圈，乱跑乱撞，时而沉郁，时而兴奋，病程在 5d 左右，该类型病牛致死率极高。

（5）外阴生殖器型。轻症病牛并不会出现非常明显的临床症状，重度病牛，测量体温升高，站立时举尾，排泄时出现疼痛感，外阴肿胀，有少量脓性分泌物，外阴黏膜发炎，表面有小脓疱，颜色为白色，阴道黏膜充血，外阴表面出现斑块或者痂皮，颜色呈淡黄色，阴道流出分泌物，阴道黏膜有出血灶，后期出血灶结痂脱落。公牛患病后，主要表现为龟头炎、包皮炎，包皮褶皱，阴茎头肿胀，病程可持续 1~2 周。

4. 病理变化

解剖病死牛尸体，可发现鼻腔、气管黏膜有明显的炎症表现，同时出现糜烂、出血以及坏死等现象。病菌入侵肺脏后，引发支气管肺炎，入侵眼结膜后，结膜和角膜表面出现白斑。

组织学检查可发现黏膜下层淋巴细胞、浆细胞浸润，部分表皮黏膜坏死后可发现有嗜中性粒细胞。呼吸道上皮细胞内有嗜酸性核内包涵体，流产胎儿的肝脏、脾脏、肾脏、肺脏发炎坏死。脑膜充血，神经细胞坏死，脑部受损严重。生殖器坏死，坏死区内有较多的中性粒细胞，细胞内可检测出包涵体。

5. 诊断方法

（1）病原学检测。病毒的分离鉴定：对于牛 BoHV-Ⅰ 的培养一般用 MDBK 细胞来培养，MDBK 感染后一般在 4d 左右会出现病变，主要表现为细胞出现皱缩、变圆和似葡萄形状聚集并伴有空洞等形态，即为病变细胞。可初步确诊为 BoHV-Ⅰ，但如果想进一步确认是否感染 BoHV-Ⅰ 需进行中和试验、间接免疫荧光试验以及单抗试验。

病毒核酸检测：PCR 以快速、准确、方便的优点成为实际生产中使用最为广泛的技术。分子生物学诊断主要包括逆转录-聚合酶链式反应、多重 PCR、荧光定量 PCR 等。

（2）血清学检测。中和试验：因为牛传染性鼻气管炎病毒只有一个血清型，可以用中和试验检测，其原理是用倍比稀释的待检血清与已知滴度的牛传染性鼻气管炎标准病毒中和，然后接种到 MDBK 细胞中，经过一段时间培养，如果出现特异性细胞病变，则说明待检血清样品的病毒中和抗体呈阴性。

酶联免疫吸附试验（ELISA）是一种将特异性反应系统、间接放大系统和显示系统结合在一起的先进检测技术，其基本原理是将固相载体用特异性抗体进行包被，待测抗原通过抗原决定簇与包被的抗体和酶标抗体发生特异性结合。

琼脂扩散实验：琼脂扩散试验是利用病毒抗原检测血清中抗体的一项技术，Suresh 在 1993 年，成功运用对流免疫扩散和免疫扩散方法检测 BoHV-Ⅰ。该方法操作比较简单，但实际检测中敏感性较低，检出率低。

二、牛病毒性腹泻

牛病毒性腹泻/黏膜病（bovine viral diarrhea/mncosal disease，BVD/MD）是由牛病毒性腹泻病毒（BVDV）引起的牛以黏膜发炎、糜烂、坏死和腹泻为特征的疾病。各种日龄的牛都易感染、以幼龄牛易感性最高。传染来源主要是病畜。病牛的分泌物、排泄物、血液和脾脏等都含有病毒，以直接接触或间接接触方式传播。

1. 病原特征

BVDV 为黄病毒科、瘟病毒属，是一种单股 RNA、有囊膜的病毒。新鲜病料做超薄切片进行负染后，电镜下观察病毒颗粒呈球形，直径 24~30nm。病毒在牛肾细胞培养中，有三种大小不一的颗粒，最大的一类直径 80~100nm，有囊膜，呈多形性，最小的一类直径只有 15~20nm。病毒在低温下稳定，真空冻干后在-70~-60℃下可保存多年。其在 56℃下可被灭活，氯化镁不起保护作用，可被紫外线灭活，但可经受多次冻融。

BVDV 的分离株之间有一定的抗原性差异，但是用常规血清学方法区别病毒分离物之间的差异是非常困难的，一般认为一种 BVDV 产生的抗体能抵抗其他毒株的攻击。BVDV 可在胎牛的肾、睾丸、脾、气管、鼻甲骨等牛源性细胞上生长，并且对胎牛睾丸细胞和肾细胞最敏感，做病毒分离时最好采用这两种细胞。BVDV 也能在 MDBK 细胞上生长良好，因取用方便，所以常用 MDBK 细胞和牛鼻甲骨细胞进行诊断试验和制造疫苗。病毒不能在鸡胚上繁殖。

根据分离到的 BVDV 在细胞培养中是否能产生细胞病变，可将 BVDV 分为两种生物型，即致细胞病变 BVDV 和非致细胞病变 BVDV。这两种生物型 BVDV 能由它们在细胞培养物上的表现区分开。细胞病变 BVDV 能引起感染细胞变圆，胞浆出现空泡，细胞单层拉网，最后导致细胞死亡而从瓶壁上脱落下来。非病变 BVDV 对感染的细胞不产生不利影响，不出现细胞病变，但可在感染的细胞中建立持续感染。

2. 流行病学

在临床生产中，所有年龄段的牛对于病毒性腹泻都表现出易感性，尤其是幼龄牛犊更容易集中发病，呈现出较高的患病率。奶牛和黄牛群体是主要的感染对象，但在生产中也可能发生其他动物感染的情况。病源主要来自患病牛及携带病毒的牛群，接触健康牛群后会在短时间内传播疾病。病毒性腹泻在全年都有可能发生，但春冬季节是发病的高峰期。

病毒可随分泌物和排泄物排出体外。持续感染牛可终生带毒、排毒，因而是该病传播的重要传染源。该病主要是经口感染，易感动物食入被污染的饲料、饮水而经消化道感染，也可由于吸入由病畜咳嗽、呼吸而排出的带毒的飞沫而感染。病毒可通过胎盘发生垂直感染。病毒血症期的公牛精液中也有大量病毒，可通过自然交配或人工授精而感染母牛。

3. 临床症状

该病自然感染的潜伏期为 7～10d，短者为 2d，长者为 14d。人工感染的潜伏期多为 2～3d。临床上主要有如下表现形式。

（1）持续感染。持续感染是在母牛怀孕前 4 个月，非细胞病变病毒经胎盘垂直感染胎儿造成的。大多数持续感染牛临床上是正常的，但可以见到一些持续感染牛是早产的，生长缓慢、发育不良及饲养困难；有些持续感染牛对疾病的抵抗力下降，并在出生后 6 个月内死亡。通过母乳获得的母源抗体不能改变犊牛的病毒血症状态，但可能干扰从血清中分离病毒。持续感染发生率较低，一般每出生 100～1 000 头犊牛中可能有一个持续感染牛。

（2）黏膜病（MD）和慢性 BVD。目前认为 MD 和慢性 BVD 是持续感染的继续，正常牛不发生这两种疾病过程。MD 主要表现为发病突然，重度腹泻、脱水、白细胞减少、厌食、大量流涎、流泪、口腔黏膜糜烂和溃疡，并可在发病后几天内死亡。慢性 BVD 表现为间歇性腹泻，并表现出里急后重，后期便中带血并有大量的黏膜；病牛重度脱水，体重减轻，可在发病几周或数月后死亡。病牛血清中检测不到抗体或抗体水平低于 1∶64，但可检测到大量的病毒。这两种形式的发病率低，但死亡率可高达 90%。

（3）急性 BVD。临诊上最常见的是急性 BVD，在自然条件下通常是由非细胞病变 BVDV 引起的临诊上不明显到中等程度的疾病过程。细胞病变 BVDV 也能引起急性 BVD，但细胞病变 BVDV 在自然界很少存在。急性 BVD 的症状与上述两种形式的症状相似，但程度要缓和得多。病牛表现为体温突然升高到 40℃以上，但高温只持续 2～3d，伴有一过性的白细胞减少。怀孕母牛可能表现为胚胎早期死亡、流产或先天异常。感染后 2~3 周内产生很高的抗体水平，病毒将从体内消失。急性 BVD 发病率高但死亡率低，一般不超过 5%。

4. 病理变化

病理变化依感染的病程不同而有所不同。在重度病例中见到上呼吸道和消化道前段黏膜的广泛性溃疡或弥漫性坏死。组织病理学检查发现溃疡部位黏膜下血管有血栓形成，瓣胃和幽门到直肠间的肠段小动脉有玻璃样栓塞。由于白细胞的浸润和环绕性坏死引起毛细血管渗透性增加及心包炎。淋巴结中淋巴细胞基质中单核细胞明显减少，这一现象也可见于脾脏，表现了淋巴细胞的衰竭。呼吸系统的弥漫性损伤包括腹侧胸膜和气管黏膜的无炎症迹象的点状或瘀斑状出血。10% 的病例表现有喉、气管水肿。

亚急性、慢性和恢复期病例，大体及显微变化最为明显，但疾病早期病理学变化不明显。MD 和 BVD 的病理损伤部位及特性相似，但 MD 比 BVD 的病理学变化严重得多，主要表现在消化道淋巴组织的糜烂、溃疡和破坏。但试验条件下所致的病理学变化都是温和的。

上皮的坏死首先是从黏膜下层开始的，基层表现出退化性变化而不出现表面的坏死，但坏死通常可延伸到上皮组织的深层。

在怀孕前 1/3 时间，病毒经胎盘感染胎儿时引起的损伤主要表现为小脑和眼睛的退化和畸形。胃肠黏膜固有层的循环障碍导致黏膜的充血和出血，表现为出血点和淤血斑。

5. 诊断方法

（1）临床诊断。观察可以发现牛群中的异常情况。尤其对于一些不具备实验室检验的小型饲养场而言，非常重要。饲养人员要注重牛体温测量，观察是否有升高等情况。观察牛是否有口腔、精神状态、食欲异常等情况，鼻腔是否存在不正常的分泌物，如黄色胶胨等。或粪便是否出现恶臭、水样等特征。

（2）血清学诊断。目前，血清学检测是对牛病毒性腹泻最有效、最快速的诊断方法，包含免疫荧光法、血清中和试验、ELISA，其中后两种检测措施是最常见的免疫方法。其具体原理：首先采集患牛血液，然后利用牛病毒性腹泻抗原 ELISA 检测血清试剂盒进行检测，待检测样品加入后，轻轻晃动检测试剂，并静置 30min，加酶、加显色剂等。通过结合牛病毒性腹泻抗原 ELISA 检测指标判定牛是否患病。

（3）病原体诊断。主要是指基于无菌环境，化验前期收集患牛的血液、骨髓进行病原体的检验，若患牛细胞未出现病变，需要采集患牛主要发病部位的细胞，然后借助免疫检测法，检测这些组织、细胞是否有病原体。若发现为阳性，需要将采集的细胞与组织送到实验室进行检测，全面检测确诊情况。然后依据检测结果，对患牛采取针对性治疗。

三、牛冠状病毒病

牛冠状病毒病也叫新生犊牛腹泻，是由牛冠状病毒（BCOV）感染引起的一类疾病，主要包括新生犊牛冠状病毒性腹泻、成年牛冬季痢疾、所有日龄牛冠状病毒性呼吸道疾病。腹泻牛主要以排淡黄色或灰白色水样粪便为特征，精神沉郁。BCoV 主要通过消化道和呼吸道感染，感染牛可持续带毒并排毒，导致牛群持续发病。

1. 病原特征

牛冠状病毒（Bovine coronavirus，BCoV）是引起新生犊牛严重出血性腹泻的主要病原体，属冠状病毒科，冠状病毒属，同属可分为 A、B、C、D 4 个亚属。BCoV 位于冠状病毒属 A 亚属，其同亚属成员还包括人冠状病毒（Human coronavirus，HCoV）、马冠状病毒（Equine coronavirus，ECoV）、犬呼吸道冠状病毒（Canine respiratory coronavirus，CrCoV）等。BCoV 的病毒粒子呈球形或多边形，直径为 65~210nm，病毒基因组长约 30kb，单股正链 RNA 病毒，也是基因组最长的正链 RNA 病毒。BCoV 包含 10 个开放阅读框（Open reading frames，ORFs），ORF3、4、8、9、10 分别编码 5 种结构蛋白，即血凝酯酶糖蛋白（HE 蛋白）、表面纤突蛋白（S 蛋白）、包膜蛋白（E 蛋白）、囊膜糖蛋白（M 蛋白）及核衣壳蛋白（N 蛋白）；除 ORF1 编码多聚蛋白 pp1a，随后被蛋白酶水解成多个非结构蛋白（Nonstructural protein，NSP）外，其余的 ORF 编码的蛋白功能尚不清楚。

2. 流行病学

牛冠状病毒自然宿主主要为牛，各日龄的牛感染后均可发病，但临床症状可存在较大差异，如 1~2 周龄的牛主要出现腹泻症状，成年牛则出现冬季痢疾，而所有日龄的牛均可出现呼吸道症状。马、骆驼、鹿、驼鹿等家养或野生动物也可感染牛冠状病毒。此外，在许多家养动物和野生动物的粪便、肠道内容物或呼吸道分泌物中发现了许多与牛冠状病毒具有生物学、抗原性和遗传相似性的冠状病毒毒株，因此该种冠状病毒又被命名为类牛冠状病毒。牛冠状病毒可通过消化道和呼吸道进行传播，其中，消化道是主要的传播途径。携带病原体的动物是主要的传染源，其呼吸道黏膜分泌物和消化道排泄物中可含有大量病毒，可感染同群的其他动物。牛冠状病毒在冬、春两季发病率较高，因为该时节环境温度低，紫外线强度较弱，牛冠状病毒在这样的环境中更加稳定，生存时间长。

3. 临床症状

（1）犊牛腹泻。犊牛可通过口腔和呼吸道两种途径感染牛冠状病毒（BCV）。其中 BCV 通过消化道感染时，首先入侵小肠近端，进而传播至整个小肠和大肠，病毒复制发生在上皮细胞表面，尤其是在小肠下半部分的绒毛区域。受感染的细胞则会死亡、脱落并被未成熟的细胞所取代，这些变化导致小肠绒毛发育迟缓，同时也会导致大肠的结肠嵴萎缩。组织学检查可见小肠绒毛和结肠嵴的柱状上皮细胞被立方上皮细胞和鳞状上皮细胞取代，严重感染时甚至出现完全脱落的区域；扫描电子显微镜（SEM）检测结果则表明，细胞微绒毛的长度和间距发生很大变化，肠道吸收能力由于吸收表面积的减少和未成熟细胞的存在而严重降低。损伤后的肠道表皮细胞保留部分分泌活性，从而导致肠腔内液体体积增多，而未成熟细胞无法分泌正常的消化酶，从而降低了肠道的消化能力。未消化的溶胶积聚在肠腔，导致微生物活性增加和渗透不平衡，从而使更多的水分进入肠道。选择和吸收能力下降导致动物腹泻，继而引发水和电解液不断流失。严重时，腹泻可导致脱水、酸中毒和低血糖，并可因急性休克和心力衰竭而死亡。

BCV 引发腹泻的严重程度与犊牛的年龄、免疫状态、病毒的感染剂量和毒株有关。新生犊牛或缺乏初乳的犊牛感染 BCV 后，发病速度相对较快，病情趋于严重，BCV 引发的肠炎相关临床症状易与轮状病毒感染相混淆，在病毒感染 48h 左右后出现黄色腹泻，症状持续 3~6d；犊牛在感染的急性期通常表现为反应迟钝和食欲下降，腹泻症状严重时，甚至会出现发热和严重脱水。大多数犊牛可在后期恢复健康，但如果腹泻症状特别严重时，少数可能出现死亡。

（2）成年牛冬季痢疾。BCV 感染除了对新生犊牛危害巨大，也会导致成年奶牛和肉牛发生冬季痢疾，临床症状表现为拉黑色、血样粪便，奶牛则伴有产奶量急剧下降，感染牛也可能出现咳嗽、鼻泪腺分泌物增多，并伴有精神沉郁和食欲下降等症状。BCV 在受感染的成年牛中迅速传播，导致发病率很高，为 50%~100%，但死亡率很低，为 1%~2%。然而，奶牛感染导致的生产性能下降可能在几个月内无法恢复正常，使养殖户遭受严重的经济损失。由于带病动物的存在，有冬季痢疾病史的牛群更可能遭受其他疫病的进一步侵袭。BCV 适宜在低温和低强度紫外线环境中生存，因此，由 BCV 引起的成年牛痢疾在冬季发病较多。BCV 既可引起成年牛冬季痢疾，也可导致新生犊牛腹泻，但是两者究竟是由于病毒的不同毒株毒力差异所致，还是由于牛年龄不同所致至今仍不能确定。

（3）呼吸道感染。BCV 还可引起不同年龄段的牛出现呼吸道感染症状。感染通常属于亚临床型，但 2~16 周龄的犊牛最易出现临床症状。BCV 主要感染鼻腔和气管的上皮细胞，可导致轻微的上呼吸道症状，如鼻炎、咳嗽和打喷嚏等，亦可感染下呼吸道并引起肺部轻微病变，但罕见明显的临床症状。虽然 BCV 导致的呼吸道症状较轻微，但可能会使犊牛发生严重的继发性下呼吸道感染。虽然 BCV 可以感染呼吸道和肠道，但是源于肠道和呼吸道的 BCV 却具有相同的抗原，说明 BCV 感染不受病毒来源和感染途径的影响，感染的犊牛通常可在肠道和呼吸道同时携带 BCV。病原体除了通过肠道的粪便-口腔途径感染机体外，还可通过气溶胶-鼻腔途径感染。在感染机体早期，病毒在上呼吸道的初始复制可提供大量受黏液保护的感染颗粒，这些黏液随后被转移到肠道，引发再次感染。

4. 病理变化

病毒可经呼吸道和肠道感染，并在呼吸道和肠道上皮细胞复制，呼吸道病变轻微，主要病变为小肠、结肠炎，肠黏膜上皮坏死、脱落。组织学检查可见小肠绒毛缩短，结肠的上皮细胞由正方形变成短柱形。进行免疫荧光检查，可发现肠黏膜以及肠腺的上皮细胞都有冠状病毒的荧光。

5. 诊断方法

（1）病毒的分离鉴定。病毒的分离培养是实验室诊断最可靠的检测方法之一，对病毒致病性、致病机制研究及疫苗研制至关重要。BCoV 对营养要求复杂，初代分离比较困难。目前，研究表明，BCoV 可在 Vero 细胞系、HRT-18 细胞系、MDBK 细胞系等细胞上增殖。由于 BCoV 的增殖对胰蛋白酶具有依赖作用，在病毒的分离培养过程中加入一定量的胰酶可加速细胞病变效应的产生并使细胞病变更加明显，对 BCoV 的生长与增殖具有促进作用。但病毒分离培养一般耗时较长，须在无菌环境进行，且操作难度大，消耗费用较高，不适用于临床病原的快速诊断。

（2）免疫学检测方法。病毒中和（Virus neutralization，VN）试验是鉴定 BCoV 的经典方法之一，可用于 BCoV 的抗体检测。VN 的关键先决条件是需要有适应细胞系的毒株并可产生明显的细胞病变。使用被检血清与BCoV 共孵育后，再感染细胞进行试验，通过是否产生细胞病变进而判断血清是否为阳性血清。随着多种毒株的分离及病毒不断地传代，适应细胞系培养的毒株被发现，在此基础上，国内外的学者利用稳定的细胞系建立了病毒中和试验。但 VN 操作复杂，技术难度较大，且需花费较高的成本，从而限制了临床推广。

（3）血凝（Hemagglutination，HA）和血凝抑制（Hemagglutination inhibition，HI）试验。由于 BCoV 编码的 HE 蛋白和 S 蛋白具有凝集小鼠、大鼠及仓鼠红细胞的功能，HA 和 HI 可作为 BCoV 抗原抗体检测的方法之一。虽然 HA 和 HI 操作简单，但常因粪便、血清及初乳中的杂蛋白及其他杂质干扰试验结果，出现假阳性。

（4）乳胶凝集试验（Latex agglutination test，LAT）。LAT 操作简单，无需特殊仪器设备，反应时间短，适用于基层规模化养殖场对 BCoV 的检测。

（5）荧光抗体（Fluorescein antibody，FA）技术。FA 是利用抗原抗体反应进行组织或细胞内抗原物质的定位与发现，可分为直接法和间接法。该方法可对 BCoV 病原颗粒及感染犊牛肠道进行检查与定位。因操作步骤复杂烦琐，限制了其在临床检测的推广。

（6）酶联免疫吸附试验（Enzyme-linked immunosorbent assay，ELISA）。ELISA 既可用于抗原的检测，也可用于抗体的检测。目前，ELISA 检测方法广泛用于血清及其他抗体的检测。自 BCoV 发现以来，ELISA 被广泛用于 BCoV 的早期感染及持续感染。2004 年，Jae-Ho 等对冬季痢疾的牛进行检测，发现捕捉 ELISA 灵敏度高于直接 ELISA。国内外诸多学者对 FA、ELISA、HI 等检测方法对比，结果普遍认为 ELISA 优于其他检测方法。

（7）RT-PCR 方法。RT-PCR 是诊断病原体最常用的检测方法之一，也是发展最多且最快的诊断技术，在 BCoV 诊断上也是如此。由于 BCoV 的 N 基因较为保守，因此，常被作为靶标进行检测。

（8）多重 PCR 方法。导致牛呼吸系统疾病和肠道疾病的病原体不止一种，而 BCoV 常与其他病原体混合致病，因此，找到导致牛疾病发生的病原体十分重要。多重 PCR 是在一个反应体系中加入多对引物，每对引物之间没有相互影响，可扩增出多条目的片段。采用多重 PCR 对于检测相似症状的多种病毒具有重要的意义。

四、牛瘟

牛瘟是由牛瘟病毒所致的急性、烈性传染病，发病率和死亡率都很高，危害极为严重。该病主要侵害牛，其他偶蹄家畜如羊、骆驼和猪也能自然感染。牛的典型症状是稽留型高烧，口腔和舌下黏膜出现糠麸样小点，后转变为黑红色、边缘不整的溃疡。初期大便干结，后期排泄物稀薄，混杂有条状假膜和血液。本病曾给我国的养殖户带来巨大的损失，随着兽医技术的发展和防疫制度的建立，该病得到了积极有效的控制。

1. 病原特征

牛瘟的病原为副黏病毒科、麻疹病毒属的牛瘟病毒（Rinderpestvirus）。病毒颗粒通常呈圆形和杆状，平均直径为 120~300nm，内部有 RNA 组成的螺旋状结构，外部是由脂蛋白构成的囊膜，其上有放射状的短突起或钉状物。牛瘟病毒对物理化学因素的抵抗力相对较低，在 37℃ 温度下牛瘟病毒感染力下降，半衰期在 3h 之内，当温度达到 60℃ 后牛瘟病毒存活时间不超过 0.5h。pH 值 7.2~8.0 环境中的牛瘟病毒相对稳定，但在低 pH 值环境下（如 pH 值在 4.0 以下）容易被杀灭。牛瘟病毒不易在尸体内存活，尸体腐败能迅速使牛瘟病毒灭活，通常情况下在牛瘟病毒研究时，需对其进行冻干存储。此外，牛瘟病毒无法对红细胞进行吸附，各毒株抗原性存在一致性，且甘油、甲醛、水等溶液中的传染力不高。

2. 流行病学

牛瘟的出现具有明显的季节性特点，主要出现在每年 12 月到次年 4 月，一旦出现该病，发病率可达到 100%，死亡率高达 90%，即使病牛不死也会影响其正常发育。病牛是该病的主要传染源。病毒由病牛的分泌物和排泄物排出，特别是尿液。自然感染的途径大多是消化道，也可经鼻腔和结膜感染。传播的最主要方式是与病畜接触，或通过病畜的皮、肉及被污染的饲料、饮水、用具、动物以至人类而传播。患病的妊娠母牛可能使胎儿在子宫内感染。

3. 临床症状和病理变化

（1）临床症状。典型症状：主要体现在温度迅速升高达到 42℃，感染初期病牛异常兴奋，存在攻击性，但一段时间之后采食量大幅减少，精神萎靡不振，反刍次数明显减少，甚至可能出现不反刍的情况。排粪次数减少，粪便较为干燥，排尿次数亦大幅减少，呼吸和心跳速度明显加快，眼结膜呈现潮红色，并有肿胀和流泪情况，可以看到脓性分泌物，灰色或棕色。口腔黏膜最初潮红，然后逐渐变成灰色，有小的突起，表面覆盖假膜，膜下有出血和溃烂的情况。母牛呈现阴户红肿，排出黏脓性分泌物甚至伴随出血。发病后期，病牛消瘦速度加快，眼睛无神，鼻液污浊，口角有泡沫，此外，病牛呼吸困难，不断呻吟，呈现稀便，甚至伴随有抽搐情况，最后死亡，病程的时间为1周以内。

非典型症状：病牛异常兴奋，不停摇头、走动，甚至出现一些攻击性行为，最后转变成抑郁。发病前期，病牛乳房或阴囊出现小的出血点。发病后期出现腹泻，股内、会阴或口腔周围的皮肤出现丘疹甚至脓性疹，当其破裂后会流出黄色液体，最后结成痂，脱落。还会有一部分病牛，没有发热或是口腔糜烂的情况，但仍然会检测出牛瘟病毒，部分牛瘟的症状还是有迹可循。

（2）病理变化。牛瘟的病理变化主要发生在消化道以及口腔内，出现溃烂以及出血现象，瓣胃以及瘤胃中出现溃疡，皱胃出现黏膜下水肿。病牛的小肠表面有坏死灶或出血点，大肠出血，直肠肿胀。此外，膀胱和肾脏等部位肿胀并有出血点，呼吸道肿胀并出血。牛瘟给病牛的各个器官带来一定程度的伤害，随着病情的加重，病毒的感染范围也会逐渐波及各个器官，包括呼吸道、消化系统、心脏、肺部以及肾脏等；出现不同程度的肿胀和出血症状，直至病情加重，病牛死亡。

4. 诊断方法

（1）病原检查。采集病牛血液、分泌物、淋巴结、脾等，低温保存送检。经处理过的病料接种原代牛肾细胞，单层细胞培养，定期换营养液。显微镜下观察特征性细胞病变：如出现折射性，细胞变圆，细胞皱缩，胞浆拉长（星状细胞）或巨细胞形成即可确诊。另外，也可用免疫过氧化物酶染色或特异性血清的中和来鉴定病毒。

（2）血清学检查。采集病牛双份血清，做中和试验、间接血凝试验、琼脂扩散试验、补体结合试验、荧光抗体试验和兔体交叉免疫试验等，均能确检。

五、牛结节性皮肤病

牛结节性皮肤病（Lumpy skin disease，LSD）是由结节性皮肤病病毒感染导致的一种急性传染病，又被称为牛结节疹、牛结节性皮炎。病牛表现为体温升高、淋巴结肿大，头、颈等部位出现大量皮肤结节。该病易导致病牛继发细菌性感染或蝇蛆病等，造成病牛失明，母牛流产、发情异常，公牛可导致暂时或永久性不育，给养殖户带来巨大的经济损失。

1. 病原特征

牛结节性皮肤病的病原体是牛结节性皮肤病病毒（Lumpy skin disease virus，LSDV），是一种双链 DNA 病毒，其直径在 260～320nm，形状呈椭圆形，有的则呈砖块状。这种病毒具有耐低温的特性，并且由于牛结节性皮肤病病毒是一种囊膜病毒，病毒粒子外围由糖蛋白和脂肪包被，形成一层稳定的保护膜，所以，对外界环境有很强的抵抗力。病毒在 pH 值为 6.6～8.6 的环境中存活时间较长。牛结节性皮肤病毒存在于牛唾液、鼻液、乳汁、精液、皮肤损伤部位组织中，如果病毒存在于病牛结节部位，一般可以存活 4～6 个月，在干燥的圈舍环境中可以长期存活。而且该病毒耐寒性比较强，在 −80～−20℃ 的环境中可以存活几年甚至十几年。但是耐热性较差，病毒在 55℃ 环境下 2h，或 65℃ 30min 即可灭活，在偏酸或偏碱性的环境中也不易存活，对福尔马林、酒精等消毒剂的敏感性较高，使用这类消毒剂可使牛结节性皮肤病毒在短时间内失活。

2. 流行病学

牛结节性皮肤病季节性明显，主要发生在温暖潮湿、蚊虫滋生的夏秋季节，通过蚊、蝇、蜱、蠓等吸血昆虫传播。牛结节性皮肤病传播途径呈现多元化。动物直接接触或摄入被污染的饲料与饮水均可被感染，农产品往来、动物贸易流动、野生动物迁徙、饲料调运、患病牛精液配种等原因均是病毒传播流行的关键因素。

结节性皮肤病对牛的身体机能有较大影响。染病后会出现角膜炎、鼻炎、结膜炎等临床症状，随着病程时间延长，体表皮肤会出现凸起的圆形结节，皮肤逐渐变硬，用手触摸结节，有明显的疼痛感，病情加重后，病牛的体表上会出现聚集性的肿块，一旦延误治疗，病牛会出现溃疡、淋巴结肿大等症状。公牛染病，会出现不育现象。哺乳期的母牛染病后，乳房会出现发炎症状，严重降低产奶量，并且牛幼崽在吮吸母乳时，会被传染上该病毒；母牛在孕期感染病，容易发生流产；肉牛感染该病后，严重降低牛肉的品质和产量。

3. 临床症状和病理变化

（1）临床症状。该病的潜伏周期较长，一般为 2～4 周，病牛发病后会出现体温升高，皮肤表面会出现较多大小不一的结节，各部位的结节边界清晰，触感较硬，直径一般在 2~5cm，尤其在肩颈、四肢、头部、乳房和外阴等部位的结节数量较多且更为明显。有些症状较轻的病牛不出现明显发热的症状，但身体各部位会出现体积比较小的结节，数量不是很多，且采食量有所下降。症状较重的病牛会出现持续发热，体温升高到 41℃，厌食症状较为明显，而且在身体的各个部位都存在较为明显的结节。随着病情的进一步加重，结节会肿大破溃，病牛的精神状态明显变差，出现流泪、流鼻涕、结膜发炎病变、运动量下降和奶牛的产奶量和质量下降等，公牛的生殖性能会受影响，母牛也会出现流产。病情不断发展后病牛还会继发感染其他疾病，进而引起病牛死亡。

（2）剖检变化。病牛的整个呼吸道和消化道表面都存在较多痘病变，其中，气管、胆囊表面的痘疹较为严重，其他脏器器官也发生了不同程度的病变，气管黏膜严重充血，胆囊肿大，心脏、肾脏和肺部也发生肿胀，而且脏器表面还存在较多的出血点，分布不规律；肝脏和脾脏出血肿大，后者发硬；胃肠道黏膜则有不规则出血点并呈弥漫性；全身淋巴结肿大严重且伴有充血症状。

4. 诊断方法

（1）分子生物学诊断。分子生物学方法可对牛结节性皮肤病病毒进行特异性检测，同时可有效区分病毒野毒株与疫苗株。检测人员采集发病牛的皮肤结节、结痂、唾液作为样本通过病毒检测进行确诊。发病早期可采用聚合酶链式反应检测病毒核酸。

（2）免疫学诊断。免疫学诊断方法包括间接免疫荧光抗体试验、酶联免疫吸附试验、病毒中和试验等，其中，最常用的检测技术为病毒中和试验，该方法只检测中和抗体。酶联免疫吸附试验使用病毒蛋白代替完整病毒作为抗原检测病毒抗体。该方法与病毒中和试验相比，敏感性、特异性高达98%以上。

（3）鉴别诊断。牛结节性皮肤病发病初期的临床症状与牛伪结核病皮肤病、牛疱疹性乳头炎、嗜皮病较为相似，极易混淆，因此，应做好各种疾病的鉴别诊断工作。

5. 其他

（1）牛伪结核病皮肤病：该病病原菌为伪结核棒状杆菌，可感染羊、牛、猪等动物，发病率差异较大。该病多发于 6—10 月。病牛主要表现为口、背、后肢、尾根等部位出现大量大小不等的丘疹，但无溃烂、化脓现象。病牛皮肤发痒，不停摩擦，最终导致部分皮毛脱落。

（2）牛疱疹性乳头炎：该病病原菌为牛疱疹病毒二型。病毒多感染初产奶牛。病牛和隐性感染的牛是该病的主要传染源。另外，吸血昆虫为该病的传播媒介。感染病毒后病牛表现为皮肤呈乳头状肿胀，表层逐渐软化、脱落，并形成溃疡，长时间后方可愈合。病情严重的会发展为乳腺炎和淋巴结炎。

（3）嗜皮病：该病病原菌为刚果皮肤病菌，主要感染牛、羊等反刍动物。该病高发于炎热多雨的夏季。病牛皮肤出现大量丘疹，且分泌浆液性渗出液。另外，病牛背、颈、臀、胸下、乳房、阴囊等部位的皮肤出现损伤，并逐步发展为渗出性皮炎。

六、牛海绵状脑病（疯牛病）

牛海绵状脑病（bovine spongiform encephalopathy，BSE）即"疯牛病"，是由朊病毒引起的牛的一种慢性、渐进性、高致死性传染性脑病，该病潜伏期长，病情逐渐严重，主要表现为：行为反常、运动失调、轻瘫、体重减轻，并且出现脑灰质海绵状水肿和形成神经元空泡等特征。

1. 病原特征

牛海绵状脑病病原体，即朊病毒蛋白，是一种没有核酸的致病物质，会引起动物和人类发生致命性传染的传染性海绵状脑病，传染性海绵状脑病亦称为朊病毒病，是人兽共患的一种致命性神经退行性疾病，该病毒对外界环境的抵抗力较强，对常规消毒剂和胃酸有抵抗力，但对强碱、甲醛等较为敏感。羊痒病在1936年被发现，是最早被人类认识的朊病毒病，之后发现了牛海绵状脑病、库鲁病、致死性家族性失眠症、格·斯综合征、动物慢性消耗性疾病和被囚禁野生动物的海绵状脑病等。人类会患有的朊病毒病包括格斯特曼综合征库鲁病、克·雅氏病和致死的家族性失眠症，上述疾病都与神经系统功能退化有关的退行性疾病，在光学显微镜下，患病动物的脑组织发现大量针状孔洞，并伴有星形细胞胶质化，因此，泛称为海绵状脑病。

2. 流行病学

牛海绵状脑病对牛的危害是致命的，病牛的神经系统会出现严重的损害，导致牛的行动能力下降，甚至完全丧失。病牛的症状包括颤抖、共济失调、步态不稳、感觉过敏等，最终导致牛的死亡。对奶牛的危害：奶牛感染后，可能出现行为异常、产奶量下降等症状，严重时可能导致死亡；对犊牛的危害：犊牛对朊病毒的易感性较高，感染后可能导致快速死亡；对牛奶的危害：受感染的奶牛所产的牛奶可能含有朊病毒，造成乳制品污染。

3. 临床症状和病理变化

（1）临床特征。病程一般 14~180d，其临床表现不尽相同，多为中枢神经系统症状。常见病牛烦躁不安，行为反常，听觉和触觉敏感。病牛常因恐惧、狂躁而表现出攻击性。共济失调，步态不稳，常乱踢乱蹬以致摔倒；磨牙，低头伸颈呈痴呆状，故称"疯牛病"。少数病牛头部和肩部肌肉颤抖，后期出现强直性痉挛。泌乳减少。耳对称性活动困难，常一只伸向前，另一只向后。病牛食欲正常，粪便坚硬，体温偏高，呼吸频率增加，最后常因极度消瘦而死亡。

（2）病理变化。肉眼无可见病变，剖检可见脑组织出现海绵状病变，脑膜和脑实质血管扩张、充血、出血及血栓形成，脑干灰质发生双侧对称性海绵状变性，在神经纤维网和神经细胞中含有数量不等的卵圆形或圆形空泡或微小孔隙，常在空泡形成部位出现神经胶质增生，胶质细胞肥大，神经元变性、消失，大脑淀粉样变性，无任何炎症。

4. 诊断方法

（1）病原体鉴定。通过免疫学方法（如免疫组化）和分子生物学方法（如 PCR）检测脑组织中的朊病毒。目前为止，全世界对牛海绵状脑病尚无有效的治疗方法，亦缺少较好的生前检测手段。由于朊病毒免疫原性差，不含 DNA 或 RNA，因此，不能像细菌、病毒等可通过抗体检查或常规微生物分离鉴定方法检测。目前，对其的检测方法主要是根据临床特征和流行病学资料，作出初步诊断，再根据病理组织学变化、脑电图以及免疫学检测等方法确诊。对朊病毒直接检测的传统方法是将动物的脑组织注射接种小鼠，观察小鼠是否患病或死亡。但即使试验小鼠不死或不患病，也难以证明检测的牲畜没有患病，而且检测出结果至少需要 300d，因此，此法实用性差。

（2）免疫学方法。利用特异性抗体检测病牛脑组织中的朊病毒抗原。常用的免疫学方法包括间接血凝试验、酶联免疫吸附试验和免疫荧光技术等。间接血凝试验可以通过检测病牛血清中的抗体，确定病牛是否感染疯牛病病毒。酶联免疫吸附试验则可以通过检测病牛脑组织中的朊病毒蛋白，确定是否存在疯牛病病变。免疫荧光技术则可以通过对病牛脑组织中的朊病毒蛋白进行染色，直接观察病变特征。

（3）分子生物学方法。分子生物学方法是利用分子杂交、PCR 等技术对疯牛病病毒的基因进行检测和鉴定。由于至今为止还未发现其内存在感染性核酸片段，就限制了以核酸为基础的分子生物学诊断方法的应用。根据对人的研究经验，可以从固定的脑组织中提取高分子量的 DNA，根据基因的特性对其进行基因分析。根据基因分析不仅可以确诊遗传性海绵状脑病和预防发生遗传性海绵状脑病，而且可以研究海绵状脑病的遗传易感性，有望成为基本的诊断方法。

七、牛口蹄疫病

牛口蹄疫是由口蹄疫病毒引起的一种急性、热性、高度接触性人兽共患病，在世界各地广泛流行。该病常通过动物及动物产品传播、国际贸易受到限制，造成巨大经济损失，故一直以来为各国政府和国际卫生组织高度重视。

1. 病原特征

口蹄疫病毒（Food-and-mouth disease virus，FMDV）属于微 RNA 病毒科（Picornaviridae）的口蹄疫病毒属（Aphthovirus）。病毒粒子为二十面体对称结构，呈球形或六角形，直径为 20～25nm，无囊膜。内部为单股线状正链 RNA，决定病毒的感染性和遗传性；外部为蛋白质，决定其抗原性、免疫性和血清学反应能力。成熟病毒粒子约含 30% 的 RNA，其余 70% 为蛋白质，其外壳蛋白质包括 4 种结构多肽（VP1～VP4）：VP1、VP2 和 VP3 组成衣壳蛋白亚单位，其中，VP4 位于衣壳内侧，VP1、VP2、VP3 位于衣壳表面，构成口蹄疫病毒的主要抗原位点。口蹄疫病毒具有多型性和易变性特点。根据其血清学特性，已知有 7 个血清型，即 O、A、C 和 SAT1、SAT2、SAT3（即南非 1，2，3 型）以及 Asia I（亚洲 I 型）。同型病毒各亚型之间交叉免疫程度变化幅度较大，亚型内各毒株之间也有明显的抗原差异。病毒的这种特性，给该病的检疫、防疫带来很大困难。口蹄疫病毒能在犊牛、仔猪、仓鼠的肾细胞和牛舌上皮细胞、甲状腺细胞以及牛胚胎皮肤细胞、肌肉细胞、胎肾细胞和兔胚胎肾细胞等许多种类的细胞内增殖，并导致细胞病变。其中以犊牛甲状腺细胞最为敏感，并能产生很高的病毒滴度，因此常用于病毒的分离鉴定。

2. 流行病学

对奶牛的危害：奶牛感染口蹄疫后，可能出现蹄部溃烂、产奶量下降等症状，严重时可导致死亡；对犊牛的危害：犊牛对口蹄疫病毒的抵抗力较弱，感染后可能出现严重的消化道疾病和肺炎，甚至死亡；对牛奶的影响：感染口蹄疫的奶牛，其牛奶中可能含有病毒，造成乳制品污染。

3. 临床症状和病理变化

（1）临床特征。病牛表现出高热、口腔和蹄部水疱、溃疡等，可能伴有流涎、跛行等症状。口蹄疫病毒侵入动物体内后，经过 2~3d，有的则可达 7~21d 的潜伏时间，才出现症状。症状表现为口腔、鼻、舌、乳房和蹄等部位出现水疱，12~36h 后出现破溃，局部露出鲜红色糜烂面；体温升高达 40~41℃；精神沉郁，食欲减退，脉搏和呼吸加快；流涎呈泡沫状；乳头上水疱破溃，挤乳时疼痛不安；蹄水疱破溃，蹄痛跛行，蹄壳边缘溃裂，重者蹄壳脱落。犊牛常因心肌麻痹死亡，牛的潜伏期 2~7d，可见体温升高至 40~41℃，流涎，很快就在唇内、齿龈、舌面、颊部黏膜、蹄趾间及蹄冠部柔软皮肤以及乳房皮肤上出现水疱，水疱破裂后形成红色烂斑，之后糜烂逐渐愈合，也可能发生溃疡，愈合后形成斑痕。病畜大量流涎，少食或拒食；蹄部疼痛造成跛行甚至蹄壳脱落。该病在成年牛一般死亡率不高，为 1%~3%，犊牛由于发生心肌炎和出血性肠炎，死亡率很高。

（2）病理变化。主要在口腔黏膜和蹄部，以及乳房皮肤上出现水疱和溃斑。当病毒毒素侵害心脏时，可能导致病情恶化，心脏出现麻痹而突发倒地死亡。在心肌上可见到许多大小不等、形状不整齐的灰白或灰黄色无光泽的条纹状病灶，称为"虎斑心"。此外，病牛尸体一般会消瘦，被毛粗乱，口腔发臭，口腔外黏附有泡沫状唾液，并有口蹄疫病毒特有的水疱和溃斑等。在剖检时，可以在第一胃黏膜，特别是在肉柱上看到特征性的水疱和溃斑，大小从黄豆到蚕豆不等。有时也会出现在第三胃、第四胃上，以及肠黏膜有充血、水肿、轻度炎症等；鼻腔和咽喉黏膜常充血；气管和细支气管有轻微的炎症；膀胱黏膜呈出血炎症；乳房和乳头上可能出现轻微的卡他性或脓性乳房炎。

4. 诊断方法

（1）病原鉴定。可通过病毒分离培养和电镜观察等方法进行病原鉴定，对于牛口蹄疫，可通过采集病牛的口蹄部水疱皮，进行实验室显微镜检查，观察病毒形态和染色特性，以确诊。此外也可以采用病毒分离培养和动物接种试验等方法进行病原鉴定。病毒分离技术是检测口蹄疫的黄金标准，主要有细胞培养和动物接种 2 种方法，检测口蹄疫最初用的细胞是单层初代猪肾细胞，后来有许多培养细胞都可用于口蹄疫的分离，如初代小牛甲状腺、小牛肾细胞、仓鼠肾细胞 BHK-21 等。动物接种试验常用乳鼠进行，通常情况下进行病毒分离需要用 8~10 只小鼠，以便于观察接种鼠的死亡情况和获得足够多的抗原，并在进行补体结合试验时获得明显的阳性结果。当致病性毒株非常重要时，也可用牛等动物来分离病毒。

（2）免疫学方法。利用抗原抗体反应的特异性来检测病原体，常用的免疫学方法包括血清学诊断和免疫荧光技术等。血清学诊断技术主要有病毒中和试验、间接血凝试验、乳胶凝集试验、免疫扩散试验、酶联免疫吸附试验（ELISA）等，病毒中和试验是世界动物卫生组织（WOAH）推荐的检测 FMDV 抗体的标准方法，这一方法必须使用活病毒，非普通实验室所能操作，而且中和试验不能区分免疫抗体和感染抗体。

（3）分子生物学方法。近年来，随着分子生物学的飞速发展，以及对 FMDV 研究的不断深入，已经建立起检测 FMDV 的各种分子生物学诊断的新方法，其中包括在聚合酶链式反应（PCR）基础上建立的 RT-PCR、在核酸探针和核酸序列分析基础上建立的生物传感器和基因芯片技术。利用分子杂交、PCR 等技术对病毒基因进行检测和鉴定，该方法具有较高的灵敏度和特异性，可以快速准确地检测出病原体。常用的分子生物学方法包括核酸杂交、PCR 技术和基因测序等。

第二节　常见细菌病

一、布鲁氏菌病

布鲁氏菌病简称布病，又称为马尔他热、波浪热，是一种由布鲁氏菌引起的人兽共患病，最易感染牛、羊，已被我国列为二类动物疫病。目前，全球布鲁氏菌病的发病率持续上升，成为全球重要的公共卫生问题之一，在我国常见于西北牧区，布鲁氏菌病的流行给当地经济和畜牧业发展带来了很大的负面影响，同时也对民众的身体健康造成了威胁。一些大型养殖企业因为管理不善，饲养密度加大，环境恶劣等原因也常受此病困扰。

1. 病原特征

布鲁氏菌属于革兰氏阴性菌，无鞭毛、芽孢、荚膜，是一组微小的球状、球杆状、短杆状细菌，为胞内寄生菌。目前已知的 6 种经典类型 19 个亚型，其中羊种菌株毒力最强，对人、畜的危害最为严重；猪种、牛种菌株次之，带菌牛羊是我国此病的主要传染源。人类也可以感染，有数据表明，人感染布病均是由动物引起，不存在人传人的情况。病原的抵抗力较强，巴氏灭菌法 10~15min，1% 的来苏儿或 2% 的甲醛 15min，阳光直射 0.5~4h 可以将其杀死，在阴暗处或胎儿体内可活 6 个月。

2. 传播途径

布鲁氏菌病作为一种细菌性传染病，其传播范围较广，疫病传播速度较快，在体外可以存活数月之久，布鲁氏菌病的病原体主要寄生在病畜体内，特别是病母畜在流产时，大量的病原菌会随流产胎儿、胎衣、羊水和阴道分泌物等排出，污染环境，也可长时间随乳汁排菌。可以通过接触的方式感染动物和污染环境，母畜的流产排出物和未经灭菌的奶制品等常成为重要的传染媒介。另外，因为布鲁氏菌可在动物的皮毛中存活，迁徙的候鸟也可为布鲁氏菌病的传播提供便利，一旦牛养殖场中的布鲁氏菌超出标准值，则很容易造成疫病的大面积传播。

3. 临床症状

该病一般潜伏 14~150d，患畜通常体温变化较大，表现为持续多日发热、乏力多汗、食欲减退、关节、肌肉酸痛，并伴有淋巴结、脾、肝、睾丸肿大。母牛感染后最明显的症状为流产。在妊娠期牛身体抵抗力较弱，母牛会出现阴道黏膜潮红肿胀且伴有红色结节、乳房部位出现明显肿胀、产出死胎等症状。疫区内大多数初产牛在第一胎流产后则多不再流产。患病母牛在生产后会出现以下症状：子宫内膜发炎或子宫蓄脓长期不愈，最终造成母牛不孕不育。流产的胎儿一般在生产前即已死亡，若发育较完全，也会在产出后不久死亡。母牛在非妊娠期感染疾病后会表现出关节炎、局部组织肿胀等现象，同时母牛饮食量降低。公牛感染会出现阴茎肿胀、睾丸炎、附睾炎等。

4. 诊断方法

（1）实验室诊断。该检测方法根据布鲁氏菌在无二氧化碳环境下、含碱性品红染剂或不同设置的生化培养基内的生长状态进行细菌的基因分型，在疾病的诊断与流行病学调查上具有重要意义。动物布病检测可选择流产胎儿、阴道分泌物、奶水、血液等组织为样本进行培养。该方法准确性高，但所需时间较长，且布鲁氏菌的培养鉴定需要在生物安全 3 级以上的实验室进行操作，分离过程危险性较高，因此，不适用于疫情紧急检测。

布病因为潜伏期较长且无明显的临床症状和病理变化，使得诊断变得困难，因此，布鲁氏菌病的确诊必须通过实验室诊断。

（2）微生物学诊断。微生物学诊断方法主要通过采集病理样本，分离培养细菌，染色镜检确定病原。布鲁氏菌经过革兰氏染色后可以观察到红色球状的杆菌，但因为分离菌种培养试验周期长，风险大，极易造成人员感染和环境污染。

（3）分子生物学诊断。采用的方法有：常规聚合酶链式反应，该方法操作简单、成本低廉，但常有非特异性扩增和形成引物二聚体等问题；核酸探针检测，该方法灵敏度高、特异性强，但试验成本高昂，无法大范围推广。检测样本可以选择血液、内脏、淋巴结，在阳性的检测样本中以淋巴结的检出率较高。

（4）免疫学诊断。常采用血清学检测方法，如：孟加拉玫红试验（RBT）、试管凝集试验（SAT）、补体结合试验（CFT），酶联免疫吸附试验（ELISA）。RBT检测方法有成本低廉、便捷、高效的优点，但该方法需要考虑其他革兰氏阴性菌可能存在和布鲁氏菌相似的 O 侧链结构而引起假阳性反应。SAT检测方法常用在样品初筛后，有研究表明样品经过金属离子螯合剂的处理可增加试验特异性。CFT检测方法操作烦琐且不适用于猪布病诊断，已逐渐被替代。另外，在布病免疫区，ELISA检测方法尚无法区分感染抗体和疫苗抗体，所以在实际操作中，常需结合流行病学调查反馈的信息进行综合判断。

二、牛生殖道弯曲杆菌病

牛生殖道弯曲杆菌病是一种慢性不显性生殖器官疾病，于1955年在巴西的一牛流产胎儿中首次被诊断出，分布于世界各地，在自然育种的地区发病率高。多年来，胎儿弯曲杆菌被认为是一种肠道菌；只是偶尔引起牛流产，后来发现胎儿弯曲杆菌是引起牛生殖道弯曲杆菌病的主要病因。其特征是胚胎早期死亡，不孕，全群牛的分娩季节延长。

1. 病原特征

牛生殖道弯曲杆菌病是牛的一种性病，由胎儿弯曲杆菌引起。革兰氏阴性、菌体弯曲或呈螺旋状，有端鞭毛。弯曲杆菌对干燥、阳光和一般消毒药敏感。58℃的条件下 5min 即死亡。在干草、土壤中可存活 10d，于4℃可存活 20d，在冷冻精液（-79℃）内仍可存活。

2. 传播途径

胎儿弯曲杆菌性病亚种主要通过生殖道，由自然交配和人工授精两种接触方式传播。可从公牛的精液、包皮黏膜，母牛的阴道、子宫颈、流产胎儿分泌物中分离到此菌。自然交配是主要的流行、传播途径。公牛和母牛都可传播本病，患病公牛可将病菌传给其他母牛达数月之久，公牛带菌期限与年龄有关，5岁以上公牛带菌时间长，有的甚至可带菌6年。

3. 流行病学

胎儿弯曲杆菌对奶牛生育力的影响极大。母牛一般是在与患病公牛交配时受到感染，但有时污染的垫草也可导致感染。母牛受到感染后，病菌开始时只存在于阴道内，在阴道中迅速增殖，1周内可通过子宫颈进入子宫、输卵管，出现亚急性弥散性脓性子宫内膜炎。其特点是子宫腺腔体中积聚有渗出物，腺体周围有淋巴细胞浸润。因此，胚胎在子宫中难以生存，往往死亡。个别奶牛由于发生输卵管炎会造成永久性不育，有的阴道永久带菌，偶尔会引起胎盘炎，导致胚胎死亡及流产。流产时及其以后1周之内生殖道可排出大量病原菌。公牛感染本病，无明显的临床症状，精液也正常，至多在包皮黏膜上发现暂时性潮红，但精液和包皮可带菌。

4. 临床症状和病理变化

患牛无全身症状，患病初期阴道呈卡他性炎症，黏膜发红，特别是子宫颈部分，黏液分泌增加，有时可持续发生3~4个月，黏液常清澈，偶尔稍浑浊，同时，还发生不同程度的黏液脓性子宫内膜炎，引起早期胚胎死亡，屡配不孕。

5. 诊断方法

（1）细菌学检查。可检查阴道或包皮采集的样品，但样品中一般都带有其他微生物，应选用适宜的培养基，抑制杂菌生长。也可采集阴道黏液及胎儿胃内容物进行培养检查。

（2）免疫荧光试验。这种方法检查带菌公牛方便准确，如能同时进行细菌培养和分离，则可检查出98%的带菌牛，但会出现假阴性反应。

（3）阴道黏液凝集试验。自然感染的母牛一般会产生局部抗体，在感染6周之后直至7个月这一期间能从子宫颈的黏液中检出，可与抗原发生凝集。但也会出现假阴性结果，黏液样品中含有血液和其他渗出物则会影响检验结果。

三、牛出血性败血症

牛出血性败血症是一种急性热性的传染病，由多杀性巴氏杆菌感染所引起，又被养殖人员称为"牛出败"。因感染后咽喉部位肿胀而影响呼吸，很容易发生窒息而亡，又被中医称为"锁喉风"。

1. 病原特征

该病的病原为多杀性巴氏杆菌，无芽孢，无鞭毛，革兰氏染色呈阴性，瑞氏染色可发现杆菌两端染色明显。显微镜下观察可以发现菌体短小、钝圆呈短杆状。该病原致病性很强，除感染牛羊外，人、家禽以及野生动物也是主要的感染对象，巴氏杆菌对环境不良因素的抵抗力较弱，阳光直射条件下不到30min即可死亡，80℃的恒温条件下5min死亡。大多数种类消毒剂都能将该菌杀灭，生产中常使用火碱、漂白粉、75%酒精。

2. 传播途径

出血性败血症在各地区均有流行，传播范围较广，一般会在牛接触后，通过牛的呼吸道、消化道以及伤口处感染。养殖场内卫生环境较差或者消毒工作不到位都会引发败血症的出现。应激反应会对出血性败血症有促进作用，尤其是犊牛在天气突变或长途运输的情况下出现呼吸道症状，致病菌中的巴氏杆菌会对犊牛的身体造成严重危害，从而引发败血症。患病牛机体组织器官、分泌物以及排泄物均能检测出病原菌的存在，成为传播过程中的主要传染源。蚊虫叮咬伤口也能传播该病原。

3. 临床症状

患有牛出血性败血症的牛会出现毛色暗沉、精神不佳等症状，这是由于体内有大量的毒素积聚。在牛出血性败血症患病初期，牛可能出现食欲减退甚至拒食的情况。患牛会出现体温升高，一般是39℃以上。同时，病牛眼结膜会出现充血，有的还可能伴有流泪。患牛全身浮肿，尤其是在腹部和四肢。呼吸急促，伴有咳嗽等症状。如果不及时给予治疗，患病牛死亡率非常高，甚至可以达到100%。

牛出血性败血症主要分为急性败血型、组织浮肿型和肺炎型3种。

（1）急性败血型。急性败血型临床发病率最高，突然发作，体温升高达41~42℃，采食量下降或停食，被毛粗乱，精神萎靡，呼吸加重，前胃迟缓，病牛出现明显的肠道炎症反应，粪便不成型，其中混合有肠黏膜、血液等，带有恶臭，有时也会排血尿和血性鼻液。急性败血型病程较短，出现腹泻后体温会突然下降，最后以死亡而告终。

（2）组织浮肿型。局部感染为主，咽喉高度肿胀，呼吸困难，体内因缺氧而还原性血红蛋白升高，可视黏膜出现发绀发紫，眼睛红肿，不断流泪，同时巴氏杆菌产生的毒素能刺激组织渗出增强，尤其是皮下结缔组织丰厚的部位，如颈部、咽喉部、胸腔部、腿内侧等。病灶组织明显突出于皮肤表面，指压留痕。

（3）肺炎型。该分型一般由败血性转归而来，病原体集中在肺部，通过分泌毒素刺激肺组织炎性渗出增强，肺泡功能下降，呼吸困难，肺部起伏明显；气管中有大量分泌物，有纤维素性胸膜肺炎变化；鼻孔有时会流出带血的鼻涕，部分牛有下痢的症状，粪便中带血，最终会因身体虚脱而死。

4. 诊断方法

初步诊断：根据病牛体温升高至 40℃ 以上，喉部、头颈部位及胸腔部位会出现明显的肿胀，手压这些部位有明显的疼痛反应，鼻腔有大量泡沫状白色液体流出，解剖可见其瘤胃、真胃及内脏黏膜等处均有出血，可判断病牛为出血性败血症。

（1）实验室诊断。涂片镜检：无菌采集病牛心脏、肺脏或肝脏组织涂片革兰氏染色后显微镜下观察，可见短杆菌数量较多，两端浓染，两端钝圆，瑞氏染色后可见蓝色短杆菌，且两端的染色程度较重，形状也为钝圆形。

分离培养：无菌采集病料接种在鲜血琼脂培养基上，37℃ 培养 12~24h，如果病牛为急性死亡病牛，其培养物在培养基上生长出中等大小的圆形菌落，菌落的外部表面较为光滑，为半透明状态，通过折射光观察可见菌落的荧光性表现比较强。

（2）生化试验。可将培养物提纯后再接种，37℃ 培养 18~24h，该病菌能够导致甘露醇、蔗糖以及葡萄糖发酵，枸橼酸盐利用试验为阳性。

（3）血液凝固功能检查。因为出血是牛出血性败血症的病理学特征，因此，可以对患牛进行凝血功能检查，如凝血酶原时间、活化部分凝血酶时间等。

（4）分子生物学检查。采用分子生物学技术检测病原体 DNA 或 RNA，如 PCR 检测，可以提高病原体检测的灵敏度和特异性。

（5）免疫学检查。采用血清特异性抗体检测方法，如酶联免疫吸附试验（ELISA）、间接血凝试验（IHA）等，可以用于进行牛出血性败血症的诊断和疫情监测等。

四、牛结核病

牛结核病是一种主要由牛分枝杆菌和结核分枝杆菌引起的人兽共患的慢

性传染病，被我国列为二类动物疫病，**WOAH** 将其划分为 **B** 类动物疫病。该病通常通过发病动物或人的消化道、呼吸道及皮肤黏膜进行传播，并可在动物和人之间引发交叉传播，其病原牛分枝杆菌是一种革兰氏阳性的专性需氧菌，无法产生荚膜和芽孢，且无鞭毛，无运动能力，可以感染包括牛、羊、猪、猫、骆驼、狐狸等在内的多种温血脊椎动物，但主要感染牛，尤其是奶牛。

1. 病原特征

该病主要由结核分枝杆菌（*M. tuberculosis*）和牛分枝杆菌（*M. bovis*）引起，两种菌均属于分枝杆菌属（*Mycobacterium*）。结核分枝杆菌是直或微弯的细长杆菌，呈单独或平行相聚排列，多为棍棒状，间有分枝状。牛分枝杆菌稍短粗，且着色不均匀。本菌不产生芽孢和荚膜，也不能运动。革兰氏染色阳性，用一般染色法较难着色，必须用特殊的抗酸性染色法，常用的方法为 Ziehl- Neelsen 抗酸染色法。一旦着色，则不易脱色，菌体被染成红色。分枝杆菌为严格需氧菌，其最适生长温度为 37.5℃，牛分枝杆菌的最适生长 pH 值为 5.9~6.9，结核分枝杆菌的最适生长 pH 值为 7.4~8.0。结核分枝杆菌不发酵糖类，可合成烟酸和还原硝酸盐，牛分枝杆菌无此特性；结核分枝杆菌大多数酶试验阳性，热触酶试验阴性；而牛分枝杆菌两种试验均为阳性。

结核分枝杆菌含有丰富的脂类，在自然环境中有较强的生存力，对自然界的理化因素抵抗力较强，尤其对干燥、湿冷的抵抗力很强。在外界存活时间长，在干燥的痰中能存活 10 个月，在病变组织和尘埃中能生存 2~7 个月或更长一些。但对温度特别敏感，直射阳光下，几分钟至几小时可使之死亡。对湿热抵抗力弱，60℃经 30min 即可将其杀死。常用消毒剂，如 5% 来苏儿经 48h，5% 甲醛溶液经 12h 才能将其杀死，而在 70% 酒精及 10% 的漂白粉中很快死亡。

牛分枝杆菌不产生内外毒素，主要为脂质，脂质的含量与毒力呈平行关系，含量越高毒力越强。牛分枝杆菌在细胞内生长发育过程中分泌多种抗原，从而可以诱导机体产生相应抗体。结核分枝杆菌和牛分枝杆菌的多肽区带具有很多相似之处。与其他分枝杆菌多肽区带差异却很大，菌种不同，各区带也不同。这些分泌蛋白在诊断、预防方面有重要的应用价值。

本菌对磺胺类药物和一般抗生素不敏感，但对链霉素、异烟肼及对氨基水杨酸和环丝氨酸等有不同程度的敏感性。中草药白芨、百部、黄芩对结核分枝杆菌有一定程度的抑菌作用。

2. 流行病学

牛结核病对动物的危害很大，主要表现为长期低热、食欲减退、消瘦、贫血、呼吸困难等症状，严重时会出现呼吸衰竭、心力衰竭、肾衰竭等并发症，最终导致死亡。此外，牛结核病也可能通过乳汁、血液等途径传染给人类，对人类健康造成危害。该病还能够影响牛的生产力和品质，降低牛的繁殖能力和产奶量，严重时可能导致整个牛群的死亡。对奶牛的危害：奶牛潜伏期一般为 10~15d，有时达数月以上。少数病牛呈慢性经过，表现为腹泻、进行性消瘦、咳嗽、呼吸困难，乳房、下颌、咽颈及腹股沟等淋巴结硬肿，但无热痛，体温一般正常，多数病例临床症状不明显。对犊牛的危害：犊牛对结核病的抵抗力较弱，感染后症状较为严重，常出现肺部感染和全身症状；对牛奶的危害：结核病病牛的牛奶可能含有病菌，造成乳制品污染。

3. 临床症状和病理变化

（1）临床症状。牛感染牛分枝杆菌后，病初症状不明显，精神和健康状况随病程发展而逐渐恶化。临床症状与受害器官相对应，如肺结核时出现逐渐消瘦、咳嗽与呼吸困难：乳房结核时泌乳减少或停止，乳房中形成肿块，且常波及乳房上淋巴结，严重者乳腺萎缩或肿大变硬但无热无痛：肠结核时便秘和腹泻交替出现，食欲、消化和营养物质吸收紊乱：淋巴结核时淋巴结高度肿胀，硬而凹凸不平，其中有干酪样坏死；生殖器官结核时性欲亢进，母畜屡配不孕，流产等。病牛尤其是开放性结核病牛，通过生殖唾液、痰液、乳汁和生殖器官分泌物将结核菌排出体外，污染饲料、饮水、空气和周围环境，经呼吸道和消化道感染牛、人及其他动物。病初无明显病症，随着病程的延长，病症才逐渐显露。牛结核病潜伏期通常为 3~6 个月，有的甚至长达数年；病牛会出现渐进性消肿、营养不良、体重下降等症状，严重的病例可能会出现全身衰弱，甚至卧地不起；牛结核能引起全身各脏器淋巴结的结核病变，如肺结核、肠结核、骨结核等，其中肠系膜淋巴结是最常见的病变部位；细菌感染部位不同，症状表现也会有所不同，如牛结核病可引起间歇性或持续性腹泻，以及进行性消瘦。

（2）病理变化。剖检可见牛肺部或其他器官常见有很多突起的白色结节，胸膜和腹膜发生密集结核结节，形似珍珠状，被称为"珍珠病"，胃肠黏膜有结核结节或溃疡。牛结核病原先侵犯肺，然后通过血液循环或淋巴系统蔓延到其他器官，如肠、淋巴结、脾、肝等，并可在体内形成结核结节，结核结节通常表现为黄色，并呈干酪样坏死的发展状态。结核结节大小不一，小者肉眼无法识别，大者有豌豆大小，半透明灰白坚实，呈"珍珠"状；干酪样病变向钙化转化是结核病的一个特征，此外，病变部位可能会有脓液的渗出。

4. 诊断方法

奶牛结核病可根据牛群的具体情况采用不同的方法进行诊断，病牛以临床和实验室诊断为主，可疑牛群和健康牛群以结核菌素皮内变态反应检疫为主，配合实验室诊断。目前国内外用于诊断肺结核的检验方法大体可分为三类：

（1）病原鉴定。对于牛结核病，可以通过采集病牛的痰、粪等样本，进行实验室显微镜检查，观察结核分枝杆菌的形态和染色特性以确诊。此外也可以采用细菌分离培养和动物接种试验等方法进行病原鉴定。

（2）免疫学方法。利用抗原抗体反应的特异性来检测病原体。常用的免疫学方法包括血清学诊断和皮内试验等。血清学诊断可以通过检测病牛血清中的抗体，确定病牛是否感染结核分枝杆菌。皮内试验则可以通过注射结核菌素，观察病牛皮肤反应，间接判断是否存在结核感染。

（3）分子生物学方法。利用分子杂交、PCR 等技术对结核分枝杆菌的基因进行检测和鉴定。该方法具有较高的灵敏度和特异性，可以快速准确地检测出病原体。常用的分子生物学方法包括核酸杂交、PCR 技术和基因测序等。

五、牛炭疽

炭疽（anthrax）是由炭疽杆菌引起的人兽共患的急性、热性、败血性传染病，其临床特征是高热，呼吸困难，因败血症死亡或形成痈肿。病变特点是脾脏高度肿大，皮下及浆膜下出血、胶冻样浸润，血液凝固不良，呈煤焦油样。人感染后多表现为皮肤炭疽、肺炭疽及肠炭疽，偶有伴发败血症。WOAH 将其列为必须报告的动物疫病，我国将其列为二类动物疫病。

1. 病原特征

炭疽杆菌（*Bacillus anthracis*）属于芽孢杆菌科（Bacillaceae）的芽孢杆菌属（*Bacillus*），革兰氏染色为阳性，大小为（1.0～1.5）μm×（3～5）μm，两端平，排列如竹节，无鞭毛，不能运动。在人及动物体内有荚膜，在体外不适宜条件下形成芽孢。本菌繁殖体的抵抗力同一般细菌，其芽孢抵抗力很强，在土壤中可存活数十年，在皮毛制品中可生存 90 年。煮沸

40min、140℃干热 3h、高压蒸汽 10min、20%漂白粉和石灰乳浸泡 2d、5%石炭酸 24h 才能将其杀灭。在普通琼脂肉汤培养基上生长良好。炭疽杆菌能分解葡萄糖、蔗糖、麦芽糖、果糖、菊糖、蕈糖和淀粉。个别菌株能分解甘露糖，产酸不产气，能还原硝酸盐和亚甲蓝。VP 试验阴性。

炭疽杆菌的毒力主要取决于荚膜多肽和炭疽毒素。荚膜多肽由多聚 D 谷氨酸构成，具有抗吞噬作用，不是主要保护性抗原，由 97kb 的 pXO2 质粒的 *cap* 基因编码。炭疽毒素是由 184kb 的 pXO1 质粒编码的外毒素蛋白复合物，由保护性抗原（PA）、水肿因子（EF）和致死因子（LF）三种蛋白组分构成，分别由质粒的 *pagA*、*cya* 及 *lef* 基因编码。其中任一成分均无毒性作用，三者必须协同作用才对动物致病，它们的整体作用是损伤及杀死吞噬细胞，抑制补体活性，激活凝血酶原，致使发生弥散性血管内凝血，并损伤毛细血管内皮，使液体外漏，血压下降，最终引起水肿、休克及死亡。用特异性抗血清可中和这种作用。

2. 流行病学

牛炭疽对人类和动物都有很大的危害，各种动物均可感染，其中以食草动物最为易感。病死的动物血液、内脏及排泄物中含有大量菌体，若处理不当，可能会污染环境。对奶牛的危害：感染炭疽后，奶牛表现出高热、出血等症状，发病率和死亡率较高；对犊牛的危害：犊牛感染后病情更为严重，常导致急性死亡；对牛奶的危害：感染炭疽的牛产的牛奶可能含有病菌，造成乳制品污染。

3. 临床症状和病理变化

（1）临床症状。本病潜伏期一般为 1～5d，最长的可达 14d。按其表现不一可分为 4 种类型：最急性型常见于绵羊和山羊，偶尔也见于牛、马，表现为脑卒中（卒中型）。外表完全健康的动物突然倒地，全身战栗、摇摆、昏迷、磨牙、呼吸极度困难，可视黏膜发绀，天然孔流出带泡沫的暗色血液，常于数分钟内死亡；急性型多见于牛、马，病牛体温升高至 42℃，表现兴奋不安，吼叫或顶撞人兽、物体，后变为虚弱，食欲、反刍、泌乳减少或停止、呼吸困难、初便秘后腹泻带血、尿暗红，有时混有血液、乳汁量减少并带血、常有中度程度臌气、孕牛多迅速流产，一般 1～2d 死亡，亚急性型多见于牛、马，症状与急性型相似，除急性热性病症外，常在颈部、咽部、胸部、腹下、肩胛或乳房等皮肤、直肠或口腔黏膜等处发生炭疽痈，初期硬固有热痛，后热痛消失、可发生坏死或溃疡，病程可长达 1 周。

（2）病理变化。急性炭疽为败血症病变、尸僵不全、尸体极易腐败、天然孔流出带泡沫的黑红色血液、黏膜发绀。剖检时，血凝不良、黏稠如煤焦油样、全身多发性出血、皮下、肌间、浆膜下结缔组织水肿、脾脏变性、淤血、出血、水肿、肿大 2~5 倍、脾髓呈暗红色、煤焦油样、粥样软化。局部炭疽死亡的猪咽部、肠系膜以及其他淋巴常见出血、肿胀、坏死，邻近组织呈出血性胶样浸润，还可见扁桃体肿胀、出血、坏死，并有黄色痂皮覆盖。局部慢性炭疽，剖检时可见肠系膜淋巴结的病理变化。

4. 诊断方法

（1）病原鉴定。对于牛炭疽，可以通过采集病牛的血液、分泌物、内脏器官等样本，进行实验室显微镜检查，观察炭疽芽孢杆菌的形态和染色特性确诊。此外，也可以采用细菌分离培养和动物接种试验等方法进行病原鉴定。

（2）免疫学方法。利用抗原抗体反应的特异性来检测病原体。常用的免疫学方法包括酶联免疫吸附试验和免疫荧光技术等。酶联免疫吸附试验可以通过检测病牛血清中的抗体，如凝集反应、沉淀反应等，确定病牛是否感染炭疽芽孢杆菌。免疫荧光技术则可以通过对病牛组织或分泌物中的炭疽芽孢杆菌进行染色，直接观察病原体。

（3）分子生物学方法。利用分子杂交、PCR 技术对炭疽芽孢杆菌的基因进行检测和鉴定。该方法具有较高的灵敏度和特异性，可以快速准确地检测出病原体。常用的分子生物学方法包括核酸杂交、PCR 技术和基因测序等。

六、牛传染性胸膜肺炎

传染性胸膜肺炎（Contagious bovine pleuro pneumonia，CBPP）是由丝状支原体丝状亚种 SC 型（Mycoplasma mycoides subsp. Mycoides Small colony type，MmmSC）感染引发的急性接触性高度致死性传染病，属于国家二类重大传染性疾病，病原可以通过多种渠道向外传播蔓延。临床上患病牛主要表现为体温显著升高，可达 42℃，不能正常采食，频繁咳嗽，呼吸困难，表现为纤维素性胸膜肺炎，如果控制不当，就会造成大批牛只发病死亡，给养牛业造成毁灭性打击。

1. 病原特征

MmmSC 是人类历史上分离的第一个支原体种，属于支原体科支原体属成员。MmmSC 是一种小的、能自我复制的、多形性的、没有细胞壁的支原体。由于它没有细胞壁，因此，对 β-内酰胺类抗生素有自然耐药性，革兰氏染色阴性，瑞特氏、吉姆萨染色时菌体着染良好，在含 10% 马或牛血清的马丁琼脂上 37℃ 培养 3~5d，可产生针尖大、半透明的微黄褐色菌落，中央凸起不甚透明，似乳房状；在含血清的马丁肉汤中 37℃ 培养 3~4d，出现微乳样浑浊；在加有血清的肉汤琼脂上可生长成典型的"煎蛋状"菌落。病原对外界环境（如日光射、干燥等）抵抗力不强，暴露在阳光下几小时即失去毒力，在盐溶液中 45℃、120min 灭活，在水中 60℃、30min 死亡，但在冷冻组织中存活良好，在冻结的病肺组织和淋巴结可存活一年以上，真空冻干后，在冰箱中可存活 3~12 年；对消毒剂敏感，0.1% 汞、1%~2% 克疗林、2% 石炭酸、0.25% 来苏儿、10% 生石灰、5% 漂白粉均能在几分钟内杀灭病原体。MmmSC 共有 8 个亚种，与牛羊疾病相关的共有 6 种，根据基因组和抗原性的不同，又可将 MmmSC 分为两类，一类是根据流行病学特征，通过多重序列分析试验可以认为曾经在我国流行的 MmmSC 来自非洲-大洋洲亚群菌类是来自欧洲各国的分离株，另一类是来自非洲-大洋洲的分离株，它们表现出不同的致病力。

2. 流行病学

许多反刍类动物都可能感染传染性胸膜肺炎，在易感动物中，对黄牛和水牛的危害较大，病原感染动物之后，有较短的潜伏周期，之后发病。牛传染性胸膜肺炎的主要传染源为病牛和带菌牛，可以通过直接接触或者飞沫呼吸道传播，尤其是患病牛出现呼吸症状之后，更容易患病，很可能在短时间内蔓延至整个牛群。一般情况下，牛传染性胸膜肺炎在一年四季都可发生，没有明显的季节性特点，集中暴发在春季和冬季两个季节。3~7 岁的牛只容易染病，犊牛很少发病。发生过传染性胸膜肺炎的养殖场大多呈慢性发病、隐性发病、周期性发病，呈散发性特点；未发生过该病的养殖场大多呈急性发病，死亡率相对较高，危害较大。

3. 临床症状和病理变化

（1）临床变化。潜伏期：该病自然感染情况下，存在 2~4 周潜伏期，一般最短潜伏期为 1 周，最长潜伏期 8 个月。

急性感染期：患病初期，主要表现为稽留热（体温 40~42℃），呼吸浅快、呼长吸短，呼吸过程中间鼻孔扩张、腹式呼吸，存在短干咳症状，多数病牛发病后出现明显乏力、精神委顿，表现为不愿走动、卧地不起；肺部听诊，有浊音，肺泡音减弱；伴有胸膜肺炎病牛，有摩擦音；患病后期出现心力衰竭，部分胸腔积液病牛心音微弱，甚至无心音，并见明显胸下部下垂症状，排便过程出现腹泻、便秘交替发生情况；严重病牛会出现呼吸困难、逐渐衰弱、体温骤降情况，易出现窒息死亡；一般在急性感染期病牛在感染后15~30d 内死亡。

慢性感染期：一般为急性感染未能有效控制，发展为慢性感染病例，或在发病早期即出现慢性感染，一般症状不明显，出现症状后主要为干咳，胸部听诊会出现大小不一的浊音，一般在改善管理环境、饲养条件后，症状可逐渐缓解，但其同样存在传染性，若饲养条件未能改善，会造成感染范围扩大情况。

（2）病理变化。病牛解剖会见到明显呼吸系统的病变，主要病变位置包括胸腔、肺脏，出现胸膜炎、纤维素性肺炎，表现为肺间质增宽、水肿，肺实质呈现出大理石花纹样病变，颜色包括紫红色、红色、灰红色、黄色等颜色变化，质地变硬；胸膜增厚，表面出现纤维素性附着物，肺部与胸膜粘连，部分病牛出现胸腔积水，胸腔积液呈淡黄色，夹杂纤维素样渗出物；心包液增多且浑浊，纵膈、支气管淋巴结肿大，并伴出血症状。

4. 诊断方法

（1）病原鉴定。可以采集疑似病例的鼻拭子、分泌物或者在尸体解剖时采集病死牛的胸腔液、肺或淋巴结，再由肉类提取物（脑心浸出液肉汤）作为基本培养基，辅以酵母提取物、灭活的马血清、葡萄糖、胰化蛋白胨、胆固醇和丙酮酸钠的培养基上进行培养，对病原体可使用不同的培养基来分离和培养。无菌条件下采集的病料接种于液体培养基 3~4d 后可发现培养基出现轻微浑浊，有少量的细丝状物和乳色沉淀，振荡培养液沉淀溶于液体培养液中。将病料接种于固体培养基 3~5d 后，琼脂平板上可见小的中心致密的"煎蛋"样典型菌落。

（2）血清学检测。血清学检测是现阶段比较常见的检测牛传染性胸膜肺炎的方法，主要包括补体结合试验、间接血液凝集法、间接免疫荧光试验等，前两个是比较常用的检测方法，检测率和准确率较高。支原体可能有一些抗原蛋白可产生类似的抗体，造成血清免疫系统的交叉反应，影响检测结果的准确性。

（3）分子生物学方法。在无疫病地区出现疑似病例时，可以使用聚合酶链反应（PCR）技术快速识别 MmmSC，检测样品可选择鼻腔分泌物、胸膜液、病变的肺或淋巴结。随着技术的进步，研究人员通过对 MmmSC 脂蛋白 P72 基因序列的分析，建立了套式 PCR 检测方法，该方法能在感染牛气管灌洗液中检测出 2 个细胞水平的 MmmSC DNA，比普通 PCR 方法敏感度有极大提高。

第三节　常见寄生虫病

一、牛泰勒虫病

牛泰勒虫病是由泰勒科泰勒属（*Theileria*）的各种原虫寄生于牛的巨噬细胞、淋巴细胞和红细胞内所引起的疾病的总称，可通过中间宿主蜱虫进行传播。目前，国际公认的牛泰勒虫有 5 个种，我国共发现两种，环形泰勒虫和瑟氏泰勒虫。

1. 病原特征

牛环形泰勒虫病又称热血孢子虫病、带泰勒虫病、地中海岸热，其病原环形泰勒虫是我国发现的致病力最强的泰勒虫，主要感染黄牛、奶牛。虫体形态多样，为 $0.6 \sim 2.1 \mu m$，寄生于红细胞内的环形泰勒虫以圆环型和卵圆形为主，寄生于单核巨噬系统细胞内的多核虫体为裂殖体（或称石榴体、柯赫氏蓝体），位于淋巴细胞或巨噬细胞胞质内或散在于细胞外。牛瑟氏泰勒虫寄生于牛的红细胞，其形态、大小与环形泰勒虫相似，主要区别在于瑟氏泰勒虫以杆形和梨籽形为主。

2. 流行病学

牛泰勒虫病在我国许多地区都有发生，主要危害成年牛，发病率高达 90% 以上。据报道，我国一些地方的牛群中流行着泰勒虫病。本病的传播媒介主要是蜱虫。蜱虫寄生在牛体上时，可传播牛泰勒虫病。因此，该病的发生和流行与蜱虫的存在密切相关。

3. 临床症状和病理变化

（1）临床症状。牛环形泰勒虫病潜伏期为 $14 \sim 20d$，呈急性经过，病牛高热稽留，精神沉郁，食欲不振，体重减轻，反刍减少；眼结膜肿胀、贫血、有出血斑、流浆性眼泪。可视黏膜、尾根、肛门周围、阴囊等处有结节状出血点。该病以肌肉振颤、体表淋巴结肿胀为主要特征。后期体表及黏膜等出血点增大、增多，体温下降，衰弱，甚至死亡，耐过病牛成带虫动物。

牛瑟氏泰勒虫病症状与环形泰勒虫病相似。主要特点为：病程较长

（一般 10d 以上，个别可长达数十天），病死率较低。

（2）病理变化。牛环形泰勒虫病剖检可见皮下黏膜和浆膜均有出血。淋巴结肿胀，切面有暗红色或灰白色结节。皱胃肿胀，充血，表面有针头至黄豆大结节，结节上皮细胞坏死并形成糜烂或溃疡，皱胃病变对牛环形泰勒虫病具有诊断意义。小肠和膀胱黏膜也可见结节和溃疡。肝、脾、肾肿大表面出血。胆囊肿胀，胆汁黏稠。牛瑟氏泰勒虫病剖检特点为尸体消瘦，血液稀薄，皮下及新冠脂肪呈胶冻样，有点状出血。淋巴结肿胀充血。皱胃黏膜出血、溃疡。心、肝、肾肿大，呈黄褐色。胆汁呈黄绿色油状。体表淋巴结和肠系膜淋巴结肿大，可见出血。

4. 诊断方法

该病的诊断与其他梨形虫病相同，根据临床症状、病理变化（高热稽留、全身淋巴结肿大，胃黏膜溃疡）、流行病学分析可做初步诊断。最终确诊需进行实验室检测。

血液涂片是确诊本病的主要依据。取已标记好的干净载玻片，用移液枪取适量抗凝血液滴在载玻片上，用推片使其形成扇形的薄膜，即为理想涂片。待涂片自然晾干后用甲醇浸润整个血涂片，用稀释好的吉姆萨染液对晾干涂片染色 2~3min。染色结束后，将涂片用蒸馏水冲洗至淡粉色，多余水分自然晾干，置显微镜下，用油镜镜检，红细胞内发现圆点状或戒指状的虫体为阳性。

淋巴结穿刺液中找到石榴体也可对本病进行确诊（瑟氏泰勒虫病难以在穿刺液中找到石榴体），酶联免疫吸附试验（ELISA）、聚合酶链式反应（PCR）是目前实验室常用的牛泰勒虫病病原诊断方法。间接免疫荧光试验（IFA）以其敏感性好，特异性强，易于操作等优势成为国际贸易组织指定的检测泰勒虫的试验，广泛应用于出入境贸易中勒虫病的诊断。

5. 防治

药物治疗有磷酸伯氨喹、三氮脒、硫酸喹啉脲。预防的关键在于灭蜱，要采取措施杀灭牛体上、牛舍内及环境中的蜱。

二、牛巴贝斯虫病

牛巴贝斯焦虫病旧称牛焦尾巴病，是由巴贝斯焦虫寄生在牛的红细胞内引起的一种人兽共患的血液原虫病。公认的巴贝斯焦虫共有 7 种，包括双芽巴贝斯虫（*B. bigemina*）、牛巴贝斯虫（*B. bovis*）、分歧巴贝斯虫

（*B. divergens*）、大巴贝斯虫（*B. major*）、卵形巴贝斯虫（*B. ovata*）、雅氏巴贝斯虫（*B. jakimovi*）和隐藏巴贝斯虫（*B. occultans*）。其中双芽巴贝斯虫、牛巴贝斯虫、卵形巴贝斯虫寄生于我国。

1. 病原特征

牛双芽巴贝斯虫病是一种由蜱传播的季节性血液原虫病，又称红尿热、蜱热病、得克萨斯热。牛双芽巴贝斯虫寄生于黄牛、水牛的红细胞中，每个红细胞有 1~2 个虫体，虫体长度大于红细胞半径，以"成对出芽"方式在红细胞中进行繁殖，初期以单个虫体为主，随病情发展双梨籽形虫体所占比例逐渐增多，虫体以尖端相连成锐角。

牛巴贝斯虫和双芽巴贝斯虫常混合感染，区别于双芽巴贝斯虫，牛巴贝斯虫是一种小型虫体，虫体长度小于红细胞半径。虫体呈成双的梨籽形，尖端以钝角相连，位于红细胞边缘或偏中央，每个红细胞内有 1~3 个虫体。

卵形巴贝斯虫是一种虫体长度大于红细胞半径的大型虫体，呈卵形、圆形、出芽形、阿米巴形、单梨籽形及双梨籽形等，成对的两个虫体的尖端相连或不相连，每个红细胞可寄生 1~2 个，个别红细胞可寄生 4 个。

2. 流行病学

本病主要危害黄牛、水牛和牦牛等家畜，绵羊和山羊也有一定程度的发生。

3. 临床症状和病理变化

（1）临床症状。病初精神沉郁，体温升高到 41~42℃，呈稽留热，食欲减少或废绝，反刍减少或停止。四肢、尾部肌肉震颤，头振颤，呈角弓反张样痉挛。病牛可出现呼吸困难，呼吸频率增加，呼气延长。呼吸困难时流口水、咳嗽、磨牙。病牛的眼角膜浑浊、充血、肿胀，结膜呈暗红色。病牛口唇和蹄部皮肤发绀，且有出血斑点。病牛食欲减退或废绝，反刍停止，有时发生腹痛和腹泻。以血红蛋白尿为主要特征，病牛尿液颜色由淡红变为棕红色乃至黑红色。红细胞、血红蛋白数迅速下降，耐过牛带虫免疫。

（2）病理变化。尸体消瘦，血液稀薄，血凝不全。可视黏膜苍白、黄疸、贫血，皮下组织呈胶冻状浸润，胃、肠黏膜有出血点。肝、脾、肾肿大。膀胱内存有红色尿液，肺水肿，心肌表面有出血点。

4. 诊断方法

根据流行病学、病理变化、临床症状可进行初步判定，确诊需进行实验室检测。耳尖血涂片检测到虫体可确诊本病（血红蛋白尿期间，涂片中出现多梨籽形虫体）。也可通过病牛身上的蜱虫进行诊断（采集吸饱血脱落雌蜱的淋巴血制作血涂片，观察是否有大裂殖子）。

目前，国际贸易指定检测巴贝斯虫的试验是间接免疫荧光试验，但该方法不能用于虫种的鉴别。酶联免疫吸附试验（ELISA）在检测巴贝斯虫方面也得到了国际的认可。

三、日本血吸虫病

日本分体吸虫病，又称分体病或日本血吸虫病，是由分体科分体属的日本分体吸虫（*Schistosoma japanica*）寄生于哺乳动物门静脉系统所引起的疾病，是一种严重的人兽共患病。由皮肤接触含尾蚴的疫水而感染，主要病变为虫卵沉积于肠道和肝脏等组织而引起的虫卵肉芽肿。

1. 病原特征与生活史

成虫：通常以雌雄合抱的状态存在，虫体圆柱状。雄虫较粗短，腹面有一抱雄沟，睾丸7个，椭圆形，呈单行排列；雌虫较雄虫细长，前细后粗，呈黑褐色。成虫体小而扁平，体长1~1.5mm，宽约0.03mm，体长最大的可达1cm以上；头长0.1~0.3mm；腹吸盘小，仅0.4~0.5mm，其直径约0.02mm，其表面有3个乳突状突起；腹吸盘的腹面有3对乳突状突起；睾丸长0.1~0.15mm，宽0.02~0.04mm，其表面有两对乳突状突起，中间为生殖孔；睾丸与精巢分别位于腹吸盘两侧；尾蚴呈圆形或椭圆形，长0.15~0.2mm。

传播：日本血吸虫雌雄异体，寄生在人或其他哺乳类动物的门静脉系统。成虫在血管内交配产卵，一条雌虫每天可产卵1 000个左右。大部分虫卵滞留于宿主肝及肠壁内，部分虫卵从肠壁穿破血管，随粪便排至体外。

生活史：从粪便中排出的虫卵入水后，在适宜温度（25~30℃）下孵出毛蚴，毛蚴又侵入中间宿主钉螺体内，经过母胞蚴和子胞蚴二代发育繁殖，7~8周后即有尾蚴不断逸出，每天数十条至百余条不等。尾蚴从钉螺体逸出后，随水流在水面漂浮游动。

当人、畜接触含尾蚴的疫水时。尾蚴在极短时间内从皮肤或黏膜侵入，随血液循环流经肺而终达肝脏，30d左右在肝内发育为成虫，又逆血流移行至肠系膜下静脉中产卵，在日本血吸虫生活史中，人是终末宿主；钉螺是必需的唯一中间宿主。

2. 流行病学

人是日本分体吸虫病的中间宿主，以人感染为主，但亦可感染家畜和野生动物。成虫寄生于人、猪、牛、羊等哺乳动物的小肠内，卵随粪便排出体外。犊牛的症状较为严重。

3. 临床症状和病理变化

（1）临床症状。临床上日本分体吸虫感染有急性和慢性之分。犊牛感染日本分体吸虫常呈急性经过，主要表现为：精神沉郁，体温升高至 40～41℃，前胃弛缓，腹泻，排脓血便，行动缓慢，后期严重贫血，因衰竭而死亡。慢性型日本分体吸虫感染较为多见，病牛发育迟缓。食欲不振，排脓血便，里急后重甚至脱肛，肝脾肿大，腹水。孕畜流产。成年水牛感染无明显临床症状。

（2）病理变化。剖检可见病畜皮下脂肪萎缩，腹腔积液。感染初期肝肿大，感染后期肝萎缩，肝表面或切面可见灰白色或灰黄色小点，即虫卵结节。感染严重时肠道各段均可以找到虫卵，小肠溃疡，肠黏膜增厚，肠系膜淋巴结肿大。其他器官如心、肾、脾等器官也可发现虫卵结节。

4. 诊断方法

通过流行病学和临床症状可以对日本分体吸虫病做出初步判断，确诊需要进行实验室诊断。

改良 Kato-Katz 法是世界卫生组织推荐的广泛使用的一种粪便虫卵检测方法，可用于日本分体吸虫定性检查，也可通过水洗沉淀法+毛蚴孵化法进行粪便虫卵检查，是通过病原学诊断日本分体吸虫病的首选方法，沉淀法是指使用 80 目的尼龙绢袋进行收集虫卵，在冲洗过程中，虫卵可集中于袋上；毛蚴孵化法是指含毛蚴的虫卵，可在短时间内孵出，并在水中呈特殊的游动姿态。急性期也可直接用图片法进行虫卵检查。晚期病牛肠壁增厚，虫卵排出受阻，粪便中不易查出虫卵，可采用直肠黏膜活检的方式进行检查。胶体染料试纸条法（DDIA）、酶联免疫吸附试验（ELISA）和环卵沉淀试验（COPT）以其特异性高，敏感性好且操作方便的优势，被广泛用于日本分体吸虫病的临床检测。

四、牛无浆体病

牛无浆体病（Bovine anaplasmosis）是立克次氏体目中的无浆体引起的一种反刍动物常见的高度接触性传染病，通过蜱虫进行传播。该病主要表现为急性败血性病例，其特征是发热、神经症状和肌炎。该病一般呈散发，但也可出现暴发和流行。

1. 病原特征

无浆体可分为边缘无浆体边缘亚种、边缘无浆体中央亚种和绵羊无浆体3种。其中，牛无浆体病主要是由边缘无浆体边缘亚种、边缘无浆体中央亚种引起的。无浆体镜下观察呈多形性，如球杆状、哑铃形、丝状等，不具有运动迁移能力，表面也无荚膜，不形成芽孢。吉姆萨染色呈现紫红色，革兰氏染色呈阴性。

2. 流行病学

牛无浆体病可感染各日龄的牛。无浆体对外界环境抵抗力弱，常用消毒剂便可将其杀死。因此，无浆体主要通过蜱进行传播，具有明显的季节性和地区性的特点，高温地区发病率高。一般呈散发，且多发生于气候炎热的夏季，也可出现在冬季或早春季节。无浆体主要感染反刍动物，蜱虫叮咬病牛后，再次叮咬健康牛，导致本病传播。

3. 临床症状和病理变化

（1）临床症状。本病与病牛日龄有较大关系，日龄越大病情越严重，犊牛常呈一过性感染。3岁以上牛无浆体感染死亡率高达100%。发病初期病牛多表现出食欲减退、反刍停止、腹泻和便秘交替出现、精神沉郁，随着病情的进展，病牛的食欲和精神逐渐恢复正常，但反刍停止，便秘排带有黏液和血液的暗黑色粪便。病牛表现为明显的神经症状，步态不稳、步态蹒跚、不愿站立和抽搐等。病牛眼睑和咽喉水肿，口腔黏膜和鼻腔有分泌物。体表淋巴结肿大。妊娠母牛流产，乳房上有针尖状出血点。

（2）病理变化。病牛消瘦，肌肉萎缩，横膈膜松弛并呈半透明状；可视黏膜苍白或黄染，血液稀薄，淋巴结肿大。肝肿大，显著黄疸，脾肿大3~4倍，质脆、胆囊肿大充满胆汁，肾呈黄褐色。

4. 诊断方法

牛无浆体病病原较难分离，所以临床诊断较为困难。通过临床症状和流行病学对该病进行诊断时应注意与牛双芽巴贝斯焦虫病、牛巴贝斯焦虫病以及牛环形泰勒焦虫病进行鉴别诊断。

目前，用于牛无浆体病检测的实验室诊断方法有血涂片、镜检、瑞特氏—吉姆萨混合染色、补体结合试验、凝集反应实验、聚合酶链式反应等。镜检可见红细胞形态改变，边缘出现淡形状、大小不同的蓝色发光小体。凝集反应实验中，由于凝集素无法在病牛体内长时间存在，导致试验结果准确率较低。

五、胎儿毛滴虫病

胎儿三毛滴虫（*Tritrichomonas foetus*）是毛滴虫科、毛滴虫属（*Trichomonas*）成员，可感染包括牛在内的多种动物。牛感染胎儿三毛滴虫又称牛毛滴虫病，该病主要通过交配传播，寄生于牛生殖器官，可导致牛出现流产、子宫内膜炎、阴道炎等症状。

1. 病原特征

毛滴虫多呈纺锤形，即滋养体，呈前端圆、后端尖的梨形，长 10～20μm，具有 1 个细胞核，鞭毛源于虫体前端动基体，含 3 根游离前鞭毛和 1 根向体后延伸的后鞭毛。波动膜与后鞭毛伴行，沿体表从前向后延伸呈 3～5 个波浪状回折，摆动时可使虫体呈现一种特征性的颤动，进而与其他原虫区分。吉姆萨染色胎儿三毛滴虫呈淡蓝色，鞭毛呈暗红色或黑色。在营养缺乏、温度降低等不利条件下，虫体形态变化形成伪包囊，呈无鞭毛或波动膜的圆球形，以前认为该形态是虫体的降解形式，目前发现是一种保护虫体细胞免受不良环境影响的防御机制，当环境改变后，可重新恢复滋养体形态。

2. 流行病学

可感染牛、猫、犬、猪等多宿主动物，寄生于牛生殖道和猫消化道引起牛和猫的毛滴虫病。

胎儿三毛滴虫除寄生于牛生殖道外还可寄生在人、犬、猫、猪等多种动物消化道，但无明显的临床症状。

3. 临床症状和病理变化

（1）临床症状。母牛：胎儿三毛滴虫主要定植在母牛子宫和阴道黏膜表面，其特征症状是生殖道慢性炎症和生殖系统衰竭。感染母牛阴道肿胀，排灰白色絮状分泌物，阴道黏膜有毛滴虫结节。胎儿三毛滴虫感染可导致早期胚胎死亡，流产，进而导致母牛发情期间隔延长，不孕。公牛：急性感染时包皮组织炎症和肿胀，排脓性分泌物，阴茎黏膜出现小结节，症状通常在 2 周内消失。耐过牛持续带虫，感染后一般无症状，但其包皮、穹窿和阴茎头周围寄生有少量虫体，可在受精过程中经性接触而传播给母牛，因此，公牛是传播疾病的重要媒介。

（2）病理变化。母牛：呈阴道炎、宫颈炎、子宫内膜炎，少数母牛出现子宫积脓。生殖道黏膜表面炎症导致胎盘水肿、轻度淋巴细胞和组织细胞性绒毛膜炎，以及滋养细胞的局灶性坏死。胎儿表现肺炎，其细支气管内可观察到中性粒细胞、巨噬细胞和多核巨细胞。

4. 诊断方法

（1）PCR方法。聚合酶链式反应（Polymerase Chain Reaction，PCR）方法检测敏感性高，可检测虫体数量较低的样本，即使虫体死亡也不影响检测。

（2）胎儿三毛滴虫培养检查。胎儿三毛滴虫可采用商用的培养系统从粪便进行培养。采用的粪便量不足0.1g（约为一粒干胡椒的量），接种培养系统后在25℃温箱培养。应注意，如果接种量大，培养温度高，则可导致细菌过度生长而降低诊断效果，应每隔48h检查小袋中的内容物是否有活动的胎儿三毛滴虫，连续检查12d。通常在1~11d后（中值为3d）检测出虫体。

培养检查是目前诊断牛毛滴虫病的"金标准"。Diamond培养基是培养胎儿三毛滴虫最常用的培养基，目前改良Diamond培养基、InPouchTM TF培养基以及TYM培养基也广泛用于胎儿三毛滴虫的培养。

（3）血清学检查。在阴道和子宫部位可产生凝集抗体。采用阴道黏液凝集试验可检出此种抗体，此法是一种群体检测方法，已在北爱尔兰用作筛选胎儿三毛滴虫的试验方法。

第五章

牛奶卫生质量控制

第一节　牛奶的化学组成和物理性质

牛奶（milk）或称为乳，是奶牛产犊后，从乳腺分泌出来的一种白色或稍带黄色的不透明液体。泌乳期（Lactation period）是指奶牛从分娩后开始泌乳之日起到停止泌乳（人工停乳或自然停乳）之间的一段时间。根据泌乳期将乳分为初乳、常乳和末乳。初乳是指奶牛分娩后 1 周内所分泌的乳，其干物质含量高，富含免疫球蛋白，能增强新生幼畜和哺奶牛对疾病的抵抗力，但加热时易凝固，不适于作食品加工的原料；常乳是指初乳期过后到干乳期前分泌的乳，其化学成分和物理性质基本趋于稳定，是乳和乳制品加工的主要原料；末乳是指奶牛在泌乳末期 15d 内所分泌的乳，除脂肪外其他成分的含量均较常乳高，味微苦咸，有油脂氧化气味，不宜和常乳混合加工。

异常乳广义上是指所有不适于饮用和用作生产乳制品加工原料的乳。常见的异常乳包括：① 病理性异常乳：主要指乳房感染或患传染病（如布鲁氏菌病、结核病）的奶牛所分泌的乳。② 化学性异常乳：主要是指化学物质（农药、兽药、食品添加剂、掺假物）残留或污染的乳。这些乳均不能食用，必须废弃。

一、牛奶的化学组成与营养价值

牛奶的各种化学成分的含量因奶牛的品种、年龄、健康状况、饲料、季节、挤乳方法、泌乳期等而有所变化。正常牛奶的基本成分及含量见图 5-1。

（1）水分。牛奶中的水分大部分以游离水状态存在，少部分结合水与蛋白、乳糖和某些矿物质盐类结合存在，由于结合水的存在，使奶粉经常保留 3% 左右的水分。

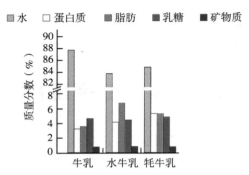

图 5-1 不同奶牛中牛奶的基本成分的质量分数（%）

（2）乳脂肪。乳脂肪含量为 3%~5%，以微粒状的脂肪球均匀分散在牛奶中，其吸收率达 97%。乳脂肪中含有人体所需的必需脂肪酸，其中，短链脂肪酸（如丁酸、己酸等）含量较高，是乳脂肪风味良好和易消化的原因。牛奶产生的热量约 50% 来自脂肪。乳脂中还含有油酸、亚油酸、亚麻酸和少量卵磷脂、脑磷脂、胆固醇、脂溶性维生素。牛奶中的卵磷脂、脑磷脂等，为神经组织提供胆碱来源，是构成细胞膜的组成成分。

（3）蛋白质。牛奶中蛋白质含量平均为 3.0%，主要包括 80%~83% 的酪蛋白，17%~20% 的乳清蛋白和少量的乳球蛋白。酪蛋白与钙、磷等结合形成酪蛋白磷酸钙络合物，并以胶体悬浮物的状态存在于牛奶中。乳蛋白质属优质全价蛋白质，含有人体需要的全部必需氨基酸，消化吸收率为 87%~89%，生物学价值为 85，高于一般肉类。乳球蛋白、免疫球蛋白可增强机体免疫功能，抑制肠道有害微生物生长，促进某些微量元素的吸收，还有抗衰老作用。牛奶中含有的生长因子、免疫活性肽等物质都具有重要生理功能。

（4）乳糖。乳糖是哺乳动物牛奶中特有的糖类。牛奶中乳糖含量比人乳少，在胃肠道内被乳糖分解酶分解成葡萄糖和半乳糖而被吸收。半乳糖能促进婴幼儿智力发育，具有调节胃酸、促进胃肠蠕动和促进消化腺分泌的作用；还能促进钙和其他矿物质的吸收，以及肠道中乳酸菌生长繁殖，抑制腐败菌生长。部分敏感人群体内缺乏乳糖酶，会导致乳糖的代谢障碍。

（5）矿物质。牛奶中的矿物质含量为 0.35%~1.21%，其中，钙、磷尤为丰富，而且容易被人体吸收。大部分矿物质与有机酸或无机酸结合成盐类；这些具有缓冲能力的盐类和牛奶中蛋白质，使鲜牛奶保持一定的 pH

值，并呈稳定的胶体状态。

（6）维生素。牛奶中维生素含量比较多的是水溶性维生素 B_1、维生素 B_2、维生素 B_3、维生素 B_6、维生素 B_{12} 和脂溶性维生素。放牧期或饲喂青饲料的牛奶中维生素 A、维生素 D、维生素 C 和胡萝卜素的含量较高。牛奶巴氏消毒时，除维生素 B_2、维生素 B_3 外，其他的都受到不同程度的损失。酸乳在发酵过程中微生物可合成维生素，故其含量较鲜乳丰富。

（7）酶。牛奶中酶有 60 多种。主要有过氧化物酶、还原酶、解脂酶、蛋白酶、磷酸酶、溶菌酶、乳烃素等。其中，过氧化物酶、溶菌酶、乳烃素为牛奶中抑菌物质，使牛奶具有抗菌特性。

此外，牛奶中还含有有机酸、细胞成分、气体、色素物质、激素、生长因子以及生物活性肽等。

二、牛奶的物理性状

牛奶的物理性状与牛奶制品的加工质量有密切关系，也是检测牛奶卫生质量的重要依据。

1. 色泽、气味及滋味

牛奶的色泽与奶牛的品种、饲料及产乳季节等有关。正常全脂牛奶是一种牛奶白色或稍带黄色的不透明液体。因其中含有挥发性脂肪酸及其他挥发性物质，所以牛奶具有特殊的香味，经加热后其香味更浓。牛奶微甜来自乳糖，微酸来自柠檬酸和磷酸，咸味来自氯化物，苦味由镁和钙所致。

2. 相对密度与比重

牛奶的相对密度是指 20℃的牛奶与同体积 4℃水的质量比值，正常牛奶的相对密度为 ≥1.027。牛奶的比重是指 15℃的牛奶与同体积 15℃水的质量比值，正常牛奶的比重为 ≥1.029。因测定的温度不同，牛奶相对密度比乳比重小 0.002。牛奶的相对密度由牛奶中固体含量所决定。非脂乳固体增加，则相对密度增加；反之，则相对密度降低。鲜牛奶脱脂后相对密度增加，掺水后相对密度下降。因此，在原料牛奶验收时，需测定牛奶的相对密度。

3. 酸度与 pH 值

我国常用吉尔涅尔度（Thorner degrees, °T）表示牛奶的酸度，正常鲜牛奶的酸度在 12~18°T，这个酸度来源于牛奶中所含的磷酸盐、柠檬酸盐和蛋白质，与牛奶在贮存时微生物繁殖所产生的乳酸无关，因此称为自然酸度。

牛奶挤出后，在存放过程中，由于微生物污染并生长繁殖，分解乳糖产生乳酸，导致牛奶的酸度升高，这种因发酵产酸而增高的酸度称为发酵酸度。自然酸度和发酵酸度的和称为总酸度，通常说的牛奶的酸度是指总酸度。酸度是衡量牛奶新鲜度和热稳定性的重要指标，牛奶的酸度高，则其新鲜度和热稳定性差，耐贮存时间短。

新鲜牛奶的 pH 值在 6.4~6.8，平均为 6.6。酸败乳、初乳的 pH 值在 6.4 以下，乳房炎乳、低酸度乳的 pH 值在 6.8 以上。乳的 pH 值易受乳中缓冲成分的影响，所以 pH 值与酸度之间实际没有一定的规律关系。

第二节　挤奶环节质量控制

为加强对原料乳的全程质量控制，规范的挤奶操作程序是提高原料乳质量的关键技术环节。应严格做好员工卫生、环境卫生、挤奶规程等相关规章制度建设与技术规范执行工作，以降低原料乳菌落总数。做好日常奶牛乳房保健工作，减少乳房炎的发生。生鲜乳收购必须符合国家和企业标准，在指定生鲜乳收购站进行检验和收购。

一、挤奶操作技术和卫生制度

1. 规范挤奶操作

挤奶设备要按照操作规定进行，使用前检查挤奶设备的压力及频率，如高位管道的挤奶设备真空压力读数为 48~50kPa，低位管道的真空压力读数为 42kPa；脉动频率为 60 次/min。做好消毒和消耗品的更换工作，每运行 2 500 头次后，乳杯内衬须更换。除了日常消毒外，现代化的机械挤奶设备的维护也应常态化，如对真空泵、稳压器、脉动器等进行保养、测试及校准，定期更换奶杯内套等橡胶配件。挤奶机械定期彻底消毒，确保运转功能正常。

制定严格的挤奶流程规范：①前药浴，用 1∶4 的碘伏药液（1 份碘伏原液，4 份水）药浴乳头，作用 30s 后；擦净乳房，注意一牛一巾的规范操作。②挤弃每个乳头的最初 3 把奶，挤奶前用手触摸乳房外表是否有红、肿、热、痛症状或创伤，并把每个乳头 3 把奶挤入带有网面的集乳杯子中，检查原料乳中是否有凝块和水样奶，及时发现临床乳房炎或异常奶。对于上机前临时发现的乳房炎病牛不能套杯挤奶，转入手工挤奶并治疗。③套奶杯，挤奶准备结束后在 45s 内套好奶杯。套杯时应注意：挤过头把奶后要尽快套杯。一只手托平挤奶杯，另一只手打开真空，从最远的乳头开始以"S"形套杯，尽量减少空气进入系统，从开始刺激乳头到套杯结束的时间最多不超过60s。防止中途脱杯，严禁空气进入乳杯。不能为了挤净最后一滴奶而使乳房受到过多挤压，避免用手将奶杯向下按。套奶杯时，不能有漏气现象，防止空气中灰尘、病原菌等污染奶源，及时调整奶杯的位置。④后药浴，挤奶结束自动收杯后必须马上用1∶4碘伏药液药浴浸泡乳头的2/3以上部分，应尽快完成，阻止细菌侵入乳头管，防止乳腺炎发生。前后药浴杯分开使用，用不同颜色药浴杯区别标记。药浴后1h内尽量不让奶牛趴卧。⑤对挤奶系统进行彻底清洗，挤奶设备要及时清洗。凡是挤奶时有乳汁流过的地方，每班必须彻底清洗消毒。用来清洗奶牛挤奶设备的水质应符合生活饮用水质量要求。牛奶过滤器滤芯必须每班单独清洗和消毒，滤纸每班更换。每班挤完奶后先将乳杯浸泡消毒几分钟，然后再清洗。配备自动热水器，水温要满足清洗需要。完全按照规定清洗流程进行清洗和消毒挤奶设备和管道。要有挤奶机日常清洗、维护记录，有挤奶机、制冷机的安全运行表，由专人填写。通过正确有效地清洗挤奶设备可保证产品质量，同时防止奶牛疾病的交叉感染。一般使用 Clean In Place（CIP）清洗程序：预冲洗，即挤奶结束后用40℃的清水彻底清洗挤奶系统直至水澄清；循环清洗，约5~10min，清洗时保持水温 80~85℃；后冲洗，用干净冷水冲洗约 5min；冲洗完毕后将系统彻底排干。

2. 建立和实施良好的环境卫生消毒制度

保持牛舍内外、挤奶厅内外的清洁卫生。保持牛身和牛床的清洁干燥。牛到运动场后，由专人清理牛床粪便，冬季清扫，其余季节带水刷扫，保持牛床干净、整洁。挤奶员的工作服应定期消毒清洗，定期对挤奶工进行身体健康检查，防止有传染病的人挤奶。贮奶间要消毒，并保持贮奶间内外清洁卫生。夏季每周进行牛舍灭蝇，擦管道；刷洗牛舍地面，用次氯酸钠进行消毒。目前，大部分现代化牧场采用药浴操作、良好的卫生管控、挤奶流程规范、干奶抗生素治疗、临床型乳房炎的合理治疗。

3. 挤奶员卫生要求

挤奶员要提高卫生意识，坚持消毒后进行作业。另外，严格规范挤奶程序，改善奶牛挤奶环境。挤奶人员作为经常接触奶牛乳房的人，自觉执行标准规范的挤奶流程尤为重要，需制定相应的管理规定以规范流程；同时，提高挤奶员的专业素养，加强对挤奶员专业理论知识的培训。要确保挤奶员和挤奶时间的稳定。因为挤奶员的频繁更换会对奶牛产生不良应激，挤奶时间的改变也会对奶牛产生不利影响，导致奶产量下降，原料乳质量降低。

二、奶牛乳房的保健

奶牛乳房的健康问题受到病原、奶牛、环境、机械设备等诸多因素影响。但奶牛发不发病，从根本上来说，受到病原数量、病原的致病力和奶牛抵抗力、免疫状态、是否受到应激及营养状况的影响。奶牛乳房的保健需要定期评估奶牛乳房健康状况，做好乳房清洗、乳头清洗、乳房药浴及乳房健康防护。

1. 定期监测奶牛乳房健康状况

兽医每天应定期检查乳房的状态，是否存在红、肿、热、痛等症状，观察乳汁的颜色、性状，并进行详细的记录。要及时了解牛群乳房健康状况，对乳中 pH 值偏高，氯化物含量超标、体细胞数偏高的奶牛采取相应的防治措施。

2. 乳房清洗

乳头周围无污物，可直接用专用消毒毛巾或一次性纸巾，直接擦除乳头表面的灰尘和污物。若整个乳房较脏时，可用小水流或消毒毛巾沾水清洗乳头基部即可。但不要用水对全部乳房冲洗，避免乳房上部冲洗的污水污染乳头。清洁乳头后马上擦干，否则留在乳头上的污水会流入奶杯或牛奶中，造成原料奶污染，影响原料奶的质量。

3. 乳头清洗

清洗乳头分为淋洗、擦干、按摩。淋洗面积太大，会使乳房上部的脏物随水流下，集中到乳头，增加乳头感染的机会。淋洗后用干净毛巾或纸巾擦干，注意一头牛一条毛巾或一张纸，毛巾用后清洗消毒。

4. 乳房药浴

牧场应定期更换不同类型的乳头药浴液，选择或更换药浴液时要考虑常见乳腺炎病原菌（如大肠杆菌、金黄色葡萄球菌、无乳链球菌、白念珠菌、克雷伯氏菌、芽孢杆菌等）或推荐使用本场当前乳腺炎病原菌有效的药浴液并做出评价，根据评价结果选用合适有效的乳头药浴液。冬季天气寒冷气温较低，牧场在这个季节应选用防冻型的药浴液。增加乳头皮肤的滋润效果，保护乳头组织，加快乳头角质化修复，从而降低乳房炎发病率。

5. 乳房健康防护

北方的牧场牛舍一般分两种，一种封闭式的，一种完全敞开式的。封闭式的牛舍要注意通风问题。完全敞开式的牧场尤其要关注乳头健康情况，冬季应注意防风，预防乳头冻伤。采用避风保温防冻等措施，重点做好乳头的保护。

三、生鲜乳收购

生鲜乳收购站必须符合《乳品质量安全监督管理条例》（2008 第 536 号）的条件要求，按照《生鲜乳生产收购管理办法》（农业部令 2008 第 15 号）生产，有与收奶量相适应的冷却、冷藏、保鲜设施和低温运输设备；有与检测项目相适应的化验、计量、检测仪器设备；有经培训合格并持有有效健康证明的从业人员。必须进行生鲜乳的卫生检验。

1. 生鲜乳的卫生检验项目

（1）感官检验。主要从色泽、滋味和气味、组织状态三个方面按照《食品安全国家标准　生乳》（GB 19301—2010）检验其是否符合卫生质量要求。对收购的生鲜乳还应注意是否有掺杂、掺假现象。

（2）生鲜乳的常规理化检验。原料乳的检验项目按照国家乳产品标准及标准检验方法测定，按照 GB 5413.30—2010 分别测定乳的杂质度，按照《食品相对密度的测定》GB 5009.2—2016 测定乳的相对密度，按照《食品中脂肪的测定》GB 5009.6—2016 测定乳脂率；按照 GB 5009.33—2016、GB 5009.5—2016，GB 5009.12—2016 分别测定非脂乳固体、乳中蛋白质、铅含量；按照《食品中黄曲霉毒素 B 族和 G 族的测定》GB 5009.22—2016 测定黄曲霉毒素 M_1；按照 GB 5009.11—2014 测定无机砷；按照《食品中有机氯农药多组分残留量的测定》GB/T 5009.19—2008 测定六六六和滴滴涕等有害物质；按照《食品中总汞及有机汞的测定》GB 5009.17—2021 测定汞；必要时按 GB 4789.27—2008 方法测定鲜乳中抗生素残留量，按《食品接触材料及制品 2 4 6-三氨基-1 3 5-三嗪（三聚氰胺）迁移量的测定》GB 31604.15—2016 方法测定乳中三聚氰胺。

（3）新鲜度检验。生鲜乳理化指标要求牛乳酸度为 12~18°T。乳的酸度检测按《食品酸度的测定》GB 5009.239—2016 的酚酞指示剂法操作。酸度是判定乳新鲜度检验的主要指标，常用的方法有酚酞指示剂法、乙醇试验。

乙醇试验是在收购牛乳时，常采用的一种检测生鲜乳酸度的简易方法，当乳加入 68°中性乙醇后不出现絮片，说明牛乳酸度低于 20°T，乳是新鲜的。当样品中加入 70°、72°乙醇不出现絮状物，乳的酸度分别相当于 19°T、18°T 以下。

（4）微生物检验。主要检验项目包括菌落总数和金黄色葡萄球菌、沙门氏菌、志贺菌等致病菌的检验，按《食品微生物检验　乳与乳制品检验》（GB 4789.18—2010）规定方法操作。单核细胞增生性李斯特菌检验按《食品微生物学检验　单核细胞增生李斯特氏菌检验》GB 4789.3—2016 规定方法操作。

（5）乳房炎乳的检验。对于乳房炎发生较高的地区还应加强乳房炎乳的检验。主要检验项目包括氯糖数的测定、隐血与脓的检验、氢氧化钠凝乳检验（溴甲酚法）、体细胞计数、电导率测定等。

2. 生鲜乳的卫生质量标准

生鲜乳的各项卫生指标应符合《食品安全国家标准　生乳》GB 19301—2010 的要求（表 5-1）。采取亚甲蓝还原褪色试验进行微生物检验时，良好生鲜乳的褪色时间应在 5.5h 以上，合格生鲜乳的褪色时间不应少于 2h。

表 5-1　生乳卫生指标

感官指标		理化指标		微生物指标	
项　目	指　标	项　目	指　标	项　目	指　标
色泽滋味、气味	呈乳白色或微黄色具有乳固有的气味，无异味	冰点（℃）	−0.500~−0.560	菌落总数（CFU/g（mL）	≤2×10⁶
		相对密度（20℃/4℃）	≥1.027		
		蛋白质（g/100g）	≥2.8		
		脂肪（g/100g）	≥3.1		
		非脂乳固体（g/100g）	≥8.1		
		酸度（°T）牛乳	12~18		
		羊乳	6~13		
		杂质度（mg/kg）	≤4.0		
组织状态	呈均匀一致液体，无凝块，无沉淀，无正常视力可见异物	黄曲霉毒素 M₁（μg/kg）	≤0.5	致病菌（金黄色葡萄球菌、沙门氏菌、志贺菌）	不得检出
		铅（mg/kg）	≤0.05		
		总汞（mg/kg）	≤0.01		
		无机砷（mg/kg）	≤0.05		
		铬（mg/kg）	≤0.3		
		硒（mg/kg）	≤0.03		
		六六六、滴滴涕（mg/kg）	≤0.02		

第三节　牛奶的污染及其预防措施

一、牛奶的微生物污染

牛奶中微生物可来自乳房内，也可来自乳制品的生产加工和流通过程。牛奶中的营养物质可直接被微生物利用，因此，牛奶中易滋生各类微生物，破坏牛奶营养成分，引起食源性致病菌的污染。牛奶中微生物主要分为嗜冷菌，包括假单胞菌属、明串菌属、微球菌、气单胞菌属、有色杆菌属、黄杆菌属、不动杆菌属等；嗜温菌，包括乳酸菌、肠杆菌属、丙酸菌、丁酸菌、酵母菌、霉菌等；嗜热菌，包括嗜热链球菌、嗜热芽孢杆菌、牛链球菌等；芽孢菌，包括芽孢杆菌、梭状芽孢杆菌等；致病菌，包括葡萄球菌、大肠杆菌、溶血性链球菌、沙门氏菌、志贺菌、布鲁氏菌、结核杆菌、炭疽芽孢杆菌等。我国《乳品质量安全监督管理条例》中规定，生鲜乳应当冷藏。超过2h未冷藏的生鲜乳，不得销售。因为生牛乳中污染的微生物快速繁殖，可引起乳的腐败变质，还有可能造成食物中毒或人兽共患病的发生。牛奶被微生物污染可通过两个途径，一是挤奶前被微生物污染，二是挤奶后被微生物污染。

1. 内源性污染

牛奶在挤出之前受到了微生物的污染。乳房中污染微生物的数量与乳房的清洁程度有关。环境中微生物可通过乳房的乳头管移行至乳房内部并大量繁殖，挤牛奶时则随乳汁排出。如果奶牛患布鲁氏菌病、结核病、炭疽、李斯特菌病和乳房炎等疾病，体内的病原微生物通过血液循环进入乳房，分泌的乳汁中则带有病原菌。乳房炎多数由葡萄球菌属、链球菌属和肠杆菌属细菌引起，较常见病原有金黄色葡萄球菌、无乳链球菌、大肠杆菌、克雷伯菌。

2. 外源性污染

引起外源性污染的微生物数量和种类比内源性污染的要多且复杂。从原料牛奶的生产工艺中可以发现，引起牛奶中微生物外源性污染的原因主要集中在牛体、乳头、挤奶环节、贮运环节。

（1）牛体表的污染。奶牛的身体表面会接触大量灰尘以及微生物，会污染挤奶室环境，导致微生物落入原料牛奶当中。奶牛生活环境中的饲料、粪便和土壤都会滋生大量细菌，这些细菌极易附着在奶牛身上。有研究表明，如果挤乳前清洗乳房和腹部，牛奶中细菌数降低10倍。

（2）环境的污染。牛舍是奶牛的生活场所，当饲料和粪便干燥化为粉尘，会扩散到牛舍空气中，造成牛舍的空气污染。大肠杆菌和环境链球菌主要来自牛舍和粪便，牛舍中存在的葡萄球菌和革兰氏阴性菌可污染乳头进而对原料牛奶产生污染；而粪便中的双歧杆菌和弯曲杆菌也是原料牛奶中常见的污染源。饲养卫生条件差，当运动场、圈舍的粪便清除不及时，环境潮湿时存在大量的微生物，污染牛体表，引起相关疾病，环境中微生物可随空气、水、粪便污染原料牛奶。因此，改善牛舍的卫生环境，注意牛舍的通风，可以有效减少原料牛奶的污染。

（3）容器和设备的污染。牛奶在生产加工、运输及贮存过程中，对挤奶设施、生鲜乳贮存容器、毛巾、包装材料等清洁不干净或消毒不彻底，是造成微生物再污染的主要根源。因此，当进行机械挤奶操作时，要避免挤奶杯触碰到牛体，不要让牛体身上的微生物、异物落入奶杯中造成原料牛奶的污染。另外，要做好挤奶机器的清洗消毒工作，一般挤奶器存在卫生死角，如有疏忽未清洗干净，极易滋生细菌，下次使用时则会发生污染事件。

（4）工作人员及其他方面的污染。如果挤奶工未做好衣帽和双手的清洁、消毒等准备工作，就可能使身上携带的微生物进入到原料牛奶中造成严重污染。生产用水不卫生、苍蝇和蟑螂等滋生，也可造成牛奶的污染。

二、牛奶的化学性污染

通过内源性污染或生产、加工及流通过程污染牛奶和奶制品的有毒有害化学污染物主要包括：

（1）有害元素。主要有汞、铅、砷、铬、锡等有害元素。来自污染饲料、牛奶加工设备、环境污染等的有害元素残留于牛奶中。

（2）农药残留。主要有杀虫剂、除草剂等农药。来自污染的饲料和饮水。

（3）兽药残留。用于治疗奶牛疾病的抗生素、磺胺类药物、驱虫药和激素等兽药残留于牛奶中。

（4）霉菌毒素。牛奶中黄曲霉毒素主要来自饲料。

（5）非法添加物。如防腐剂、中和剂、洗衣粉、化肥、硝酸盐、三聚氰胺等，主要来自饲料、生产用水或人为掺假。

化学性污染不仅使牛奶的成分和质量发生改变，营养价值降低，而且还可能引起食物中毒、过敏反应，甚至会造成慢性或潜在性的危害，如致癌、致畸、致突变等。

三、牛奶污染的预防措施

为了保证乳品卫生质量，凡与乳品接触的一切容器、管道、滤布、乳槽车、乳桶、乳瓶、搅拌棒、冷却器等，每次使用后都应进行洗刷和消毒，并在第二次使用前进行 1 次冲洗。由于乳品用具洗刷消毒十分频繁，卫生条件要求高，不仅要易于安装拆卸，光洁度高，而且缝隙、楞角、死角、盲管要少，以减少牛乳的残留和细菌的滋生。乳品用具应先用清水充分洗涤，水温一般应在 35℃ 以下。然后利用酸碱液洗刷消毒，温度可保持在 60 ~ 72℃。乳品用具的洗涤与消毒过程中应严格按程序进行，如果消毒时间不足，也达不到杀菌目的，特别是缝隙较多的用具如搅拌器、管道接头等处更要注意，不可漏过；利用化学药品消毒，必须按要求浓度执行，浓度过低达不到杀菌目的，浓度过大对设备有腐蚀，特别是铝制器皿，对酸碱的耐蚀力差，不可使用过浓的酸与碱洗刷，也不可在酸碱液中浸泡时间过长。使用化学药品消毒过的用具应充分冲洗，以减少残留。

挤出的鲜牛奶必须尽快加工，必须遵守《乳制品良好生产规范》（GB 12693—2023）的规定。原料乳（生鲜牛奶）必须来自健康动物，其各项指标均应符合《食品安全国家标准　生乳》（GB 19301—2010）和相应的行业标准的规定。

1. 牛奶的冷却

无论是刚挤出的牛奶、收购的牛奶，还是消毒牛奶，都要迅速予以冷却。牛奶的温度越低，细菌含量越少，抑菌时间越长，反之则短。牛奶迅速冷却既可抑制微生物的繁殖，又可延长牛奶中抑菌酶的活性。牛奶中抑菌酶的抗菌时间与牛奶的温度和细菌污染程度有关。牛奶的冷却方法有水池冷却、表面冷却器冷却、蛇管式冷却器冷却和热交换器冷却等。

2. 牛奶的杀菌

为了避免牛奶的腐败变质，防止牛奶中污染的致病微生物传播，需对牛奶进行灭菌处理。牛奶消毒的温度和时间，均以杀死结核分枝杆菌的有效温度和时间为依据。按热处理条件分为杀菌乳和灭菌乳。杀菌乳又称巴氏杀菌乳，应达到《食品安全国家标准　巴氏杀菌乳》（GB 19645—2010）的要求。而灭菌乳是指鲜乳经超高温灭菌方法处理后达到商业无菌要求的产品，应达到《食品安全国家标准　灭菌乳》（GB 25190—2010）的要求。巴氏杀菌乳的贮存温度应为 2~6℃，灭菌乳应储存在干燥、通风场所。

（1）巴氏杀菌法（pasteurization），又称巴氏消毒法。1862 年，法国生物学家巴斯德发明了一种能杀灭牛奶里的病菌，但又不影响牛奶口感的消毒方法，即巴氏消毒法。该法的优点是能够最大限度地保持鲜乳原有的理化特性和营养，但仅能破坏、钝化或除去致病菌、有害微生物，仍有耐热菌残留。根据温度和杀菌时间不同分为两种：低温长时间杀菌法（low-temperature-long-time，LTLT）又称低温巴氏杀菌，将乳加热至 62~65℃，维持 30min。该法可钝化乳中碱性磷酸酶，杀死乳中所有病原菌、酵母和霉菌以及大部分细菌，但不能杀死部分嗜热菌及耐热性菌以及芽孢。高温短时间杀菌法（high-temperature-short-time，HTST）。将乳加热到 72~75℃维持 15~20s，或加热到 80~85℃维持 10~15s。其杀菌时间更短，工作效率更高。一般采用片式热交换器进行连续杀菌。

（2）超巴氏杀菌法（ultra pasteurization）。将乳加热至 125~138℃维持 2~4s，然后在 7℃以下保存和销售。可使保质期延长至 40d 甚至更长，但该产品不是商业无菌产品，不能在常温下保存和销售。

（3）超高温瞬间灭菌法（ultra-high-temperature，UHT）。流动的乳液经 135~140℃灭菌数秒，在无菌状态下包装，以达到商业无菌（commercial sterilization）的要求。

（4）保持灭菌法（holding-sterized），又叫二次灭菌法。是将杀菌后的乳包装于密闭的容器内，再用 110~120℃温度 10min 以上加压灭菌。常温下可保存 3~6 个月。该法可引起部分蛋白质分解或变性，色、香、味不如巴氏杀菌乳。

3. 罐装

应使用自动机械装置，不得手工操作。罐装后杀菌的产品，应将密封到杀菌的时间控制在工艺规程要求的时间范围内。罐装后应进行产品封合或密封测试。包装材料主要包括塑料袋、纸盒、塑料夹层纸、铝箔夹层纸、塑料杯及玻璃和金属包装等，必须符合食品卫生要求，无任何污染，热稳定、抗化学性、耐紫外线、避光、密封和耐压。包装容器的灭菌方法有饱和蒸汽灭菌、过氧化氢灭菌、紫外线辐射灭菌、过氧化氢和紫外线联合灭菌等。产品标签按《预包装食品标签通则》（GB 7718—2011）规定执行。

第四节　牛奶的贮存与运输

一、牛奶的贮存

挤出的乳应在 2h 内冷却至 0~4℃，原料乳在符合贮存温度的条件下贮存不得超过 24h，过长会使原料乳中的嗜冷菌大量繁殖，影响原料乳质量。生鲜乳要用密闭、清洁的乳槽车或乳桶盛装，奶泵及输奶管与贮奶罐用后都要清洗消毒，及时清洗装奶管道，用热水加次氯酸钠冲洗，并注意各接口的清洁消毒，装奶管道在冲洗后悬挂在清洁通风处待用，并有清洗记录。原料乳必须及时装卸，防止奶温升高。同时，应避免多天挤奶混合。贮奶罐每次必须及时清洗消毒后才可再次贮奶，贮奶罐各个死角进行人工刷洗。未能运走的剩余原料乳最好不要与新挤的原料乳混合。

二、牛奶的运输

1. 运输温度和时间要求

按照规定进行低温贮藏（原料乳在运输途中奶温不应高于 7℃），尽快运输到加工企业，对温度进行有效管控，做好防护，同时，进行温度的监控记录。要有专人对贮奶罐温度、产品状态实施定时监控，有定时的奶温记录。奶罐车必须具备隔热或制冷设备。定期检测奶缸显示的温度与奶实际温度是否相符。要配备发电机组，在停电时可自行发电，不至于影响挤奶和其他工作的进行。以早晚运输为宜，途中避免剧烈震动，要防尘、防蝇，避免日晒、雨淋，不得与有害、有毒、有异味的物品混装运输。夏季运输产品时应在 6h 内分送到户，使牛奶在运输过程中乳温上升不超过 1℃/h，减少牛奶中微生物在运输过程中的增殖。成品运输要用冷藏车。

2. 运输车辆要求

运输生鲜乳的车辆应当取得所在地县级人民政府畜牧兽医主管部门核发的生鲜乳准运证明。无生鲜乳准运证明的车辆，不得从事生鲜乳运输。生鲜乳运输车辆只能用于运送生鲜乳和饮用水，不得运输其他物品。生鲜乳运输车辆使用前后应当及时清洗消毒。

生鲜乳运输车辆应当具备以下条件：①奶罐隔热、保温，内壁由防腐蚀材料制造，对生鲜乳质量安全没有影响；②奶罐外壁用坚硬光滑、防腐、可冲洗的防水材料制造；③奶罐设有奶样存放舱和装备隔离箱，保持清洁卫生，避免尘土污染；④奶罐密封材料耐脂肪、无毒，在温度正常的情况下具有耐清洗剂的能力；⑤奶车顶盖装置、通气和防尘罩设计合理，防止奶罐和生鲜乳受到污染。

3. 其他要求

从事生鲜乳运输的驾驶员、押运员应当持有有效的健康证明，并具有保持生鲜乳质量安全的基本知识。生鲜乳运输车辆应当随车携带生鲜乳交接单。生鲜乳交接单应当载明生鲜乳收购站名称、运输车辆牌照、装运数量、装运时间、装运时生鲜乳温度等内容，并由生鲜乳收购站经手人、押运员、驾驶员、收奶员签字。生鲜乳交接单一式两份，分别由生鲜乳收购站和乳品生产者保存，保存时间2年。

第六章

牛奶及其制品生产标准

第一节　国外牛奶及其制品生产标准

一、生乳

牛乳的风味与乳脂肪有密切关系，是牛乳品质的重要理化指标之一。意大利的生乳脂肪含量测试为每月 2 次，标准为大于等于 3.7g/100g；法国的生乳脂肪含量测试为每月 3 次，标准为大于等于 3.8g/100g；希腊的生乳脂肪含量要求应大于等于 3.6g/100g。美国的生乳价格是以乳脂含量在 3.5g/100g 的标准上定价。

发达国家生乳中蛋白质含量标准为 3.0g/100g 及以上，其中，新西兰生乳中蛋白质含量标准为大于等于 3.8g/100g，欧美国家生乳中蛋白质含量标准也大多在 3.2g/100g 及以上。

生乳中体细胞数（somatic cell count，SCC）是指每毫升生乳中的体细胞总数。国外对原料乳的体细胞数也有严格要求，体细胞数通常用来判断是否为异常乳。欧盟将体细胞数为 $2.5\times10^5\sim5\times10^5$ CFU/mL 视为正常原料乳。目前欧盟内部贸易的标准更为严格，原料乳中体细胞数不得超过 400 000 CFU/mL。美国农业部规定，个体生产者的生乳中 SCC 必须小于 7.5×10^5 CFU/mL，超标不准用于加工巴氏杀菌乳等市售乳品，此外美国加利福尼亚州制定强制标准，规定生乳中 SCC 必须小于 6×10^5 CFU/mL，美国其他州和主要奶业地区将提出更高的标准。欧盟于 1992 年 6 月规定生乳中 SSC 必须小于 4×10^5 CFU/mL；新西兰和澳大利亚规定生乳中 SCC 必须小于 4×10^5 CFU/mL。

美国的《优质热杀菌奶条例》中关于作为液态乳制品原料生乳中菌落总数的指标是：单个奶户的奶在与其他的奶混合之前，其菌落总数不得超过

10^5CFU/mL。欧盟规定 30℃ 时生乳中细菌总数不得超过 $1×10^5$CFU/mL（计算 2 个月的几何平均数，每月至少 2 个样本）。希腊规定生乳中每月要检测菌落总数 2 次，生乳中菌落总数小于 $4×10^5$CFU/mL；荷兰要求生乳的菌落总数小于 10^5CFU/mL，英国和法国要求生乳的菌落总数小于 $5×10^4$CFU/mL。日本规定生乳、生水牛乳的菌落总数不得超过 $4×10^6$CFU/mL（通过显微镜检查），或调整牛乳、低脂牛乳、脱脂牛乳的菌落总数不得超过 $5×10^4$CFU/mL（标准平板培养法）。

欧盟规定生牛乳至少检查采集奶罐样品的 70% 是否存在兽药残留。欧盟现行标准中，与乳相关的兽药残留有 115 项，分别是抗生素（44 种）、杀虫药（20 种）、抗炎药（12 种）、抗线虫药（9 种）、激素（7 种）、抗菌药（6 种）、抗球虫药（4 种）、抗蠕虫药（3 种）、抗寄生虫药（2 种）、抗吸虫药（2 种）、抗菌增效剂（1 种）、抗梨形虫药（1 种）、祛痰药（1 种）、β-内酰胺酶抑制剂（1 种）、β-兴奋剂类药物（1 种）、β-肾上腺素能抑制剂（1 种）等 16 类兽药，其中，有 35 种兽药是"不适用泌乳期的哺乳动物"，3 种兽药是"不适用于羊泌乳期"，限量在 10～100μg/kg 的兽药数目占比最大，为 44.35%。日本现行标准中，与乳相关的兽药残留有 108 项，分别是抗生素（40 种）、抗菌药（20 种）、杀虫药（13 种）、激素（9 种）、抗炎药（8 种）、安定剂（3 种）、抗线虫药（3 种）、抗球虫药（2 种）、消毒剂（2 种）、抗胆碱能类药物（1 种）、抗菌增效剂（1 种）、抗梨形虫药（1 种）、抗组胺剂（1 种）、生产助剂（1 种）、止吐剂（1 种）、止泻药（1 种）、β-内酰胺酶抑制剂（1 种）等 17 类兽药，其中 22 项为不得检出，限量在 10～100μg/kg 的兽药数目占比最大，为 44.44%。

欧盟设定了生乳中污染物的限量标准《欧盟食品污染物最高限量要求》（No 1881/2006），其中，规定铅含量低于 0.02mg/kg 和黄曲霉毒素 M_1 含量低于 0.05μg/kg，之后在欧盟《修订欧盟 No 1881/2006 条例中关于食品中二噁英、二噁英类多氯联苯和非二噁英类多氯联苯的最大限量》（No 1259/20）中补充了生乳中二噁英污染限量为 2.5pg/g～40ng/g。

二、巴氏杀菌乳

乳脂、乳蛋白及乳糖含量对巴氏杀菌乳的风味及品质尤为重要。美国对巴氏杀菌乳中乳脂的含量要求为高于 3.25%，在澳大利亚和新西兰的标准中规定巴氏杀菌乳中乳脂含量不低于 3.25g/kg，脱脂巴氏杀菌乳中乳脂含量则应低于 1.5g/kg，法国标准规定巴氏杀菌乳中脂肪含量大于等于

3.8g/100g，希腊标准规定巴氏杀菌乳中脂肪含量大于等于 3.6g/100g。澳大利亚和新西兰的标准中规定巴氏杀菌乳中蛋白质含量应超过 30g/kg，欧美国家标准规定巴氏杀菌乳中乳蛋白含量大于等于 3.2g/100g。澳大利亚和新西兰的标准中暂未提及对非脂乳固体的具体标准，美国标准规定巴氏杀菌乳中非脂乳固体需大于 8.25%。韩国《食品法典》的《乳制品标准》中规定巴氏杀菌乳的酸度应≤18%（表6-1）。

表 6-1　巴氏杀菌乳的指标比对表

检验项目	CAC 标准	欧盟	日本	韩国	美国
蛋白质	—	—	—	—	乳清中蛋白质含量 10%~15%
酸度	—	—	—	≤18%	—
三聚氰胺	≤2.5mg/kg	TDI=0.2mg/kg 体重·每天	不得检出	≤2.5mg/kg	≤2.5mg/kg
菌落总数	—	≤50 000CFU/mL	≤50 000CFU/mL	n=5，c=0，m=0	—
大肠菌群	—	n=5，c=0，m=10CFU/mL	不得检出	m=0，n=5，c=2，M=10	—
金黄色葡萄球菌	—	n=5，c=0，m=0/25g	—	n=5，c=0，m=0/25g	<10 000CFU/mL
沙门氏菌	—	n=5，c=0，m=0/25g	—	n=5，c=0，m=0/25g	—

注："—"为未做要求。

第二节　中国牛奶及其制品生产标准

一、生乳

《食品安全国家标准　生乳》（GB 19301—2010）适用于生乳，不适用于即食生乳。

生乳（raw milk）指从符合国家有关要求的健康奶畜乳房中挤出的无任何成分改变的常乳。产犊后 7d 的初乳、应用抗生素期间和休药期间的乳汁、变质乳不应用作生乳。

1. 感官要求

应符合表 6-2 的规定。

表6-2　生乳感官要求

项目	要求	检验方法
色泽	呈乳白色或微黄色	取适量试样置于50mL烧杯中，在自然光下观察色泽和组织状态。闻其气味，用温开水漱口，品尝滋味
滋味、气味	具有乳固有的香味，无异味	
组织状态	呈均匀一致液体，无凝块、无沉淀、无正常视力可见异物	

2. 理化指标

应符合表6-3的规定。

表6-3　生乳的理化指标

项目	指标	检验方法
冰点[a,b]/（℃）	$-0.560 \sim -0.500$	GB 5413.38
相对密度/（20℃/4℃）≥	1.027	GB 5413.33
蛋白质/（g/100g）≥	2.8	GB 5009.5
脂肪/（g/100g）≥	3.1	GB 5413.3
杂质度/（mg/kg）≤	4.0	GB 5413.30
非脂乳固体/（g/100g）≥	8.1	GB 5413.39
酸度/（°T）　牛乳[b]	12~18	GB 5413.34

注：[a]挤出3h后检测；[b]仅适用于荷斯坦奶牛。

3. 污染物限量

应符合《食品安全国家标准　食品中污染物限量》GB 2762—2017的规定。

4. 真菌毒素限量

应符合《食品安全国家标准　食品中真菌毒素限量》GB 2761—2017的规定。

5. 微生物限量

应符合表6-4的规定。

表6-4　生乳的微生物限量

项目	限量［CFU/g（mL）］	检验方法
菌落总数 ≤	2×10^6	GB 4789.2

6. 农药残留限量和兽药残留限量

（1）农药残留量应符合《食品安全国家标准　食品中农药残留最大限量》GB 2763—2021 及国家有关规定和公告。

（2）兽药残留量应符合《食品安全国家标准　食品中兽药残留最大限量》GB 31650—2019 及国家有关规定和公告。

7. 生牛乳质量分级

用于质量分级的生牛乳应符合 GB 19301 的规定。

（1）脂肪、蛋白质、菌落总数和体细胞数质量分级要求。应符合表 6-5 的规定。

表 6-5　生牛乳脂肪、蛋白质、菌落总数和体细胞数质量分级要求

项目	等级		
	特优	优	合格
脂肪（g/100g）	≥3.4	≥3.3	
蛋白质（8/100g）	≥3.1	≥3.0	应符合 GB 19301 的规定
菌落总数（CFU/mL）	≤5.0×104	≤1.0×105	
体细胞数（个/mL）	≤3.0×105	≤1.0×106	

测定样品应从牧场储奶罐或运奶槽罐车中采集。在牧场储奶罐或运奶槽罐车搅拌均匀后，分别从上部、中部、底部等量随机抽取或在奶槽车出料时前、中、后等量抽取，混合后分样，密封包装。取样量满足检验要求。

（2）检验规则。以装载在储奶罐或运奶车中的同一牧场生牛乳为一组批。测定样品的脂肪、蛋白质、菌落总数、体细胞数等指标，根据测定值判定单项指标的质量等级，按照等级最低的单项指标判定该组批生牛乳的质量等级。

二、巴氏杀菌乳

《食品安全国家标准　巴氏杀菌乳》（GB 19645—2010）适用于全脂、脱脂和部分脱脂巴氏杀菌乳。

巴氏杀菌乳（pasteurized milk）指仅以生牛乳为原料，经巴氏杀菌等工序制得的液体产品。

1. 原料要求

生乳应符合 GB 19301—2010 的要求。

2. 感官要求

应符合表 6-6 的规定。

表 6-6　感官要求

项目	要求	检验方法
色泽	呈乳白色或微黄色	取适量试样置于 50mL 烧杯中，在自然光下观察色泽和组织状态。闻其气味，用温开水漱口，品尝滋味
滋味、气味	具有乳固有的香味，无异味	
组织状态	呈均匀一致液体，无凝块、无沉淀、无正常视力可见异物	

3. 理化指标

应符合表 6-7 的规定。

表 6-7　理化指标

项目		指标	检验方法
脂肪[a]/（g/100g）		≥3.1	GB 5413.3
蛋白质/（g/100g）	牛乳	≥2.9	GB 5009.5
非脂乳固体/（g/100g）		≥8.1	GB 5413.39
酸度/（°T）	牛乳	12~18	GB 5413.34

注：[a]仅适用于全脂巴氏杀菌乳。

4. 污染物限量

应符合《食品安全国家标准　食品中污染物限量》GB 2762—2017 的规定。

5. 真菌毒素限量

应符合《食品安全国家标准　食品中真菌毒素限量》GB 2761—2017 的规定。

6. 微生物限量

应符合表 6-8 的规定。

表 6-8　微生物限量

项目	采样方案[a]及限量（若非指定，均以 CFU/g 或 CFU/mL 表示）				检测方法
	n	c	m	M	
菌落总数	5	2	50 000	100 000	GB 4789.2
大肠菌群	5	2	1	5	GB 4789.3 平板计数法
金黄色葡萄球菌	5	0	0/25g（mL）	—	GB 4789.10 定性检验
沙门氏菌	5	0	0/25g（mL）	—	GB 4789.4

注：[a]样品的分析及处理按 GB 4789.1 和 GB 4789.18 执行。

7. 标注要求

应在产品包装主要展示版面上紧邻产品名称的位置，使用不小于产品名称字号且字体高度不小于主要展示面高度五分之一的汉字标注"鲜牛奶"或"鲜牛乳"。

三、灭菌乳

《食品安全国家标准　灭菌乳》（GB 25190—2010）适用于全脂、脱脂和部分灭菌乳。

超高温灭菌乳（ultra high-temperature milk）以生牛乳为原料，添加或不添加复原乳，在连续流动的状态下，加热到至少 132℃并保持很短时间的灭菌，再经无菌灌装等工序制成的液体产品。

保持灭菌乳（retortsterilized milk）以生牛乳为原料，添加或不添加复原乳，无论是否经过预热处理，在灌装并密封之后经灭菌等工序制成的液体产品。

1. 感官要求

应符合表 6-9 的规定。

表 6-9　灭菌乳感官要求

项目	要求	检验方法
色泽	呈乳白色或微黄色	取适量试样置于 50mL 烧杯中，在自然光下观察色泽和组织状态。闻其气味，用温开水漱口，品尝滋味
滋味、气味	具有乳固有的香味，无异味	
组织状态	呈均匀一致液体，无凝块、无沉淀、无正常视力可见异物	

2. 理化指标

应符合表 6-10 的规定。

表 6-10　调制乳的理化指标

项目	指标	检验方法
脂肪ª/（g/100g）	≥3.1	GB 5413.3
蛋白质/（g/100g）牛乳	≥2.9	GB 5009.5
非脂乳固体/（g/100g）	≥8.1	GB 5413.39
酸度/（°T）牛乳	12~18	GB 5413.34

注:ª仅适用于全脂灭菌乳。

3. 污染物限量

应符合 GB 2762 的规定。

4. 真菌毒素限量

应符合 GB 2761 的规定。

5. 微生物要求

应符合商业无菌的要求，按 GB/T 4789.26 规定的方法检验。

6. 其他

（1）仅以生牛乳为原料的超高温灭菌乳应在产品包装主要展示版面上紧邻产品名称的位置，使用不小于产品名称字号且字体高度不小于主要展示面高度五分之一的汉字标注"纯牛奶"或"纯牛乳"。

（2）全部用乳粉生产的灭菌乳应在产品名称紧邻部位标明"复原乳"或"复原奶"；在生牛乳中添加部分乳粉生产的灭菌乳应在产品名称紧邻部位标明"含××%复原乳"或"含××%复原奶"。

注："××%"是指所添加乳粉占灭菌乳中全乳固体的质量百分数。

（3）"复原乳"或"复原奶"与产品名称应标识在包装容器的同一主要展示版面；标识的"复原乳"或"复原奶"字样应醒目，其字号不小于产品名称的字号，字体高度不小于主要展示版面高度的五分之一。

四、发酵乳

《食品安全国家标准　发酵乳》（GB 19302—2010）适用于全脂、脱脂和部分脱脂发酵乳。

发酵乳（fermented milk）指以生牛乳或乳粉为原料，经杀菌、发酵后制成的 pH 值降低的产品。

酸乳（yoghurt）指以生牛乳或乳粉为原料，经杀菌、接种嗜热链球菌和保加利亚乳杆菌（德氏乳杆菌保加利亚亚种）发酵制成的产品。

风味发酵乳（flavored fermented milk）指以 80% 以上生牛乳或乳粉为原料，添加其他原料，经杀菌、发酵后 pH 值降低，发酵前或后添加或不添加食品添加剂、营养强化剂、果蔬、谷物等制成的产品。

风味酸乳（flavored　yoghurt）指以 80% 以上生牛乳或乳粉为原料，添加其他原料，经杀菌、接种嗜热链球菌和保加利亚乳杆菌（德氏乳杆菌保加利亚亚种）发酵前或后添加或不添加食品添加剂、营养强化剂、果蔬、谷物等制成的产品。

1. 感官要求

应符合表 6-11 的规定。

表 6-11　感官要求

项目	要求		检验方法
	发酵乳	风味发酵乳	
色泽	色泽均匀一致，呈乳白色或微黄色	具有与添加成分相符的色泽	取适量试样置于 50mL 烧杯中，在自然光下观察色泽和组织状态。闻其气味，用温开水漱口，品尝滋味
滋味、气味	具有发酵乳特有的滋味、气味	具有与添加成分相符的滋味和气味	
组织状态	组织细腻、均匀，允许有少量乳清析出；风味发酵乳具有添加成分特有的组织状态		

2. 理化指标

应符合表 6-12 的规定。

表 6-12　理化指标

项目	指标		检验方法
	发酵乳	风味发酵乳	
脂肪[a]/（g/100g）≥	3.1	2.5	GB 5413.3
非脂乳固体/（g/100g）≥	8.1	—	GB 5413.39
蛋白质/（g/100g）≥	2.9	2.3	GB 5009.5
酸度/（°T）≥	70.0		GB 5413.34

[a] 仅适用于全脂产品。

3. 污染物限量

应符合 GB 2762 的规定。

4. 真菌毒素限量

应符合 GB 2761 的规定。

5. 微生物限量

应符合表 6-13 的规定。

表 6-13　微生物限量

项目	采样方案[a] 及限量（若非指定，均以 CFU/g 或 CFU/mL 表示）				检验方法
	n	c	m	M	
大肠菌群	5	2	1	5	GB 4789.3 平板计数法
金黄色葡萄球菌	5	0	0/25g（mL）	—	GB 4789.10 定性检验
沙门氏菌	5	0	0/25g（mL）	—	GB 4789.4
酵母	≤100				GB 4789.15
霉菌	≤30				

注：[a]样品的分析及处理按 GB 4789.1 和 GB 4789.18 执行。

6. 乳酸菌数

应符合表 6-14 的规定。

表 6-14　乳酸菌数

项目	限量［CFU/g（mL）］	检验方法
乳酸菌数[a]	≥1×10^6	GB 4789.35

注：[a]发酵后经热处理的产品对乳酸菌数不作要求。

7　食品添加剂和营养强化剂

（1）食品添加剂和营养强化剂质量应符合相应的安全标准和有关规定。

（2）食品添加剂和营养强化剂的使用应符合 GB 2760 和 GB 14880 的规定。

8. 标注要求

（1）发酵后经热处理的产品应标识"××热处理发酵乳""××热处理风味发酵乳""××热处理酸乳/奶"或"××热处理风味酸乳/奶"。

（2）全部用乳粉生产的产品应在产品名称紧邻部位标明"复原乳"或"复原奶"；在生牛乳中添加部分乳粉生产的产品应在产品名称紧邻部位标明"含××%复原乳"或"含××%复原奶"。

注："××%"是指所添加乳粉占产品中全乳固体的质量分数。

（3）"复原乳"或"复原奶"与产品名称应标识在包装容器的同一主要展示版面；标识的"复原乳"或"复原奶"字样应醒目，其字号不小于产品名称的字号，字体高度不小于主要展示版面高度的五分之一。

五、乳粉

《食品安全国家标准　乳粉》（GB 19644—2010）适用于全脂、脱脂、部分脱脂乳粉和调制乳粉。

乳粉（milk powder）指以生牛乳为原料，经加工制成的粉状产品。

调制乳粉（formulated milk powder）指以生牛乳或及其加工制品为主要原料，添加其他原料，添加或不添加食品添加剂和营养强化剂，经加工制成的乳固体含量不低于70%的粉状产品。

1. 感官要求

应符合表6-15规定。

表6-15　感官要求

项目	要求		检验方法
	乳粉	调制乳粉	
色泽	呈均匀一致的乳黄色	具有应有的色泽	取适量试样置于50mL烧杯中，在自然光下观察色泽和组织状态。闻其气味，用温开水漱口，品尝滋味
滋味、气味	具有纯正的乳香味	具有应有的滋味、气味	
组织状态	干燥均匀的粉末		

2. 理化指标

应符合表6-16规定。

表6-16　理化指标

项目	指标		检验方法
	乳粉	调制乳粉	
蛋白质/（%）　≥	非脂乳固体[a] 的34%	16.5	GB 5009.5
脂肪[b]/（%）　≥	26.0	—	GB 5413.3

（续表）

项目	指标		检验方法
	乳粉	调制乳粉	
复原乳酸度/（°T） 牛乳 ≤	18	—	GB 5413.34
杂质度/（mg/kg）≤	16	—	GB 5413.30
水分/（%）≤	5.0		GB 5009.3

ᵃ 非脂乳固体（%）＝100%−脂肪（%）−水分（%）。

ᵇ 仅适用于全脂乳粉。

3. 污染物限量

应符合 GB 2762 的规定。

4. 真菌毒素限量

应符合 GB 2761 的规定。

5. 微生物限量

应符合表 6-17 规定。

表 6-17　微生物限量

项目	采样方案ᵃ 及限量（若非指定， 均以 CFU/g 表示）				检验方法
	n	c	m	M	
菌落总数ᵇ	5	2	50 000	200 000	GB 4789.2
大肠菌群	5	1	10	100	GB 4789.3 平板计数法
金黄色葡萄球菌	5	2	10	100	GB 4789.10 平板计数法
沙门氏菌	5	0	0/25g	—	GB 4789.4

ᵃ 样品的分析及处理按 GB 4789.1 和 GB 4789.18 执行。

ᵇ 不适用于添加活性菌种（好氧和兼性厌氧益生菌）的产品。

6. 食品添加剂和营养强化剂

（1）食品添加剂和营养强化剂质量应符合相应的安全标准和有关规定。

（2）食品添加剂和营养强化剂的使用应符合 GB 2760 和 GB 14880 的规定。

第三节　绿色食品乳及其制品标准

一、产地环境

产地环境应符合 NY/T 391 的规定。

二、投入品

饲料应符合 NY/T 471 的规定，兽药应符合 NY/T 472 的规定，养殖用水应符合 NY/T 391 的规定。

三、原料要求

生乳应符合表 6-18、表 6-20、表 6-22、微生物限量的规定。

四、辅料要求

（1）辅料应符合相应绿色食品标准或国家标准的规定。

（2）加工用水应符合 NY/T 391 的规定。

（3）食品添加剂应符合 NY/T 392 的规定。

五、生产过程

应符合 GB 12693 的规定。

六、感官要求

（1）生乳的感官要求。应符合表 6-18 的规定。

表 6-18　生乳的感官要求

项目	要求	检验方法
色泽	呈乳白色或微黄色	取适量试样置于 50mL，烧杯中，在自然光下观察色泽和组织状态。闻其气味，用温开水漱口，品尝滋味
滋味、气味	具有乳固有的香味，无异味	
组织状态	呈均匀一致液体，无凝块、无沉淀、无正常视力可见异物	

（2）巴氏杀菌乳的感官要求。应符合表 6-19 的规定。

表 6-19　巴氏杀菌乳的感官要求

项目	要求	检验方法
色泽	呈乳白色或微黄色	取适量试样置于 50mL 烧杯中，在自然光下观察色泽和组织状态。闻其气味，用温开水漱口，品尝滋味
滋味、气味	具有乳固有的香味，无异味	
组织状态	呈均匀一致液体，无凝块、无沉淀、无正常视力可见异物	

七、理化指标

（1）生乳的理化指标。应符合表 6-20 的规定。

表 6-20　生乳的理化指标

项目	指标	检验方法
冰点[a]（℃）	−0.560～−0.500	GB 5413.38
相对密度（20℃/4℃）	>1.027	GB 5009.2
蛋白质（g/100g）	>2.95	GB 5009.5
脂肪（g/100g）	>3.1	GB 5009.6
杂质度（mg/L）	<4.0	GB 5413.30
非脂乳固体（g/100g）	>8.2	GB 5413.39
酸度（°T）（牛乳[b]）	12～18	GB 5009.239
体细胞（SCC/mL）	≤400 000	NY/T 800

[a] 挤出 3h 后检测。

[b] 仅适用于荷斯坦奶牛。

（2）巴氏杀菌乳的理化指标。应符合表 6-21 的规定。

表 6-21　巴氏杀菌乳的理化指标

项目	指标	检验方法
蛋白质[a]（g/100g）	>2.95	GB 5009.5
脂肪（g/100g）	>3.1	GB 5009.6
非脂乳固体（g/100g）（牛乳）	>8.1	GB 5413.39
酸度（°T）（牛乳）	12～18	GB 5009.239

[a] 仅适用于全脂产品。

八、食品营养强化剂

应符合 GB 14880 的规定。

九、污染物、农药残留、兽药残留、食品添加剂和真菌毒素限量

污染物、农药残留、兽药残留、食品添加剂和真菌毒素限量应符合相关食品安全国家标准及相关规定，同时应符合表6-22 的规定。

表6-22 污染物、农药残留、兽药残留、食品添加剂和真菌毒素限量

项目	指标		检验方法
	生乳	巴氏杀菌乳	
铅（以 Pb 计）[mg/kg（L）]	<0.02		GB 5009.12
铬（以 Cr 计）[mg/kg（L）]	<0.3		GB 5009.123
锡ᵃ（以 Sn 计）[mg/kg（L）]	<250		GB 5009.16
总砷（以 As 计）（mg/kg）	<0.1		GB 5009.11
总汞（以 Hg 计）（mg/kg）	<0.01		GB 5009.17
丙环唑（mg/kg）	<0.01		GB/T 20772
亚硝酸盐（以 NaNO 计）[mg/kg（L）]	<0.2		GB 5009.33
除虫脲 [mg/kg（L）]	<0.01		GB 23200.45
毒死蜱 [mg/kg（L）]	<0.01		GB/T 20772
青霉素	阴性		
链霉素	阴性		GB/T 4789.27—2008 第二法
庆大霉素	阴性		
卡那霉素	阴性		
四环素 [μg/kg（L）]	不得检出（牛奶<5）		GB/T 22990
金霉素 [μg/kg（L）]	<100		GB/T 22990
土霉素 [μg/kg（L）]	<100		GB/T 22990
磺胺类 [μg/kg（L）]	不得检出（<0.5）		农业部1025 号公告-23-2008
恩诺沙星（μg/kg）	≤100		GB/T 22985
阿苯达唑（μg/kg）	≤100		GB/T 22972
阿维菌素 [μg/kg（L）]	不得检出（<1）		GB 29696
苯甲酸及其钠盐 [g/kg（L）]	≤0.05		GB 5009.28
糖精钠 [g/kg（L）]	不得检出（<0.005）		GB 5009.28
三聚胺 [mg/kg（L）]	不得检出（<2）		GB/T 22388 2008 第一法
黄曲霉毒素 M_1 [μg/kg（L）]	不得检出		GB 5009.24

十、微生物限量

（1）生乳的微出物限量。生乳中不能含有致病微生物，按照 GB 1789.2 检验方法生乳中菌落总数 ≤500 000CFU/mL。

（2）微生物要求。灭菌乳应符合商业无菌的要求，检测方法按照 GB 1789.26 的规定执行。

十一、净含量

应符合国家质量监督检验检疫总局令 2005 第 75 号的要求，检验方法按 JF1070 的规定执行。

十二、检验规则

申报绿色食品应按照本节六至十一等所确定的项目进行检验。其他要求应符合 NY/T 1055 的规定。

十三、标签

标签应符合 GB 7718 的规定。

十四、包装、运输和储存

（1）包装。包装应符合 NY/T 658 的规定。

（2）运输和储存。运输和储存应符合 NY/T 1056 的规定，生乳、巴氏杀菌乳、发酵乳、干酪、再制干酪等需冷藏储存与运输，其他乳制品应按照相应国家标准储存与运输。

参考文献

安松岩，常瑶，陈群，等，2023. 荷斯坦牛与娟姗牛体尺性状生长曲线的比较研究［J］. 中国畜牧兽医，50（12）：4947-4957.

陈溥言，2015. 兽医传染病学［M］. 北京：中国农业出版社.

范守民，王彩云，巴登加甫，等，2021. 不同因素对新疆褐牛舍饲和放牧条件下产奶量的影响［J］. 中国奶牛（9）：5-9.

郭守存，2022. 牦牛高效养殖关键技术［J］. 畜牧兽医科技信息（2）：106-108.

韩俊伟，帕塔木·瓦依提，杜海燕，2017. 奶牛子宫内膜炎的发病原因及诊断方法［J］. 兽医导刊（14）：137-137.

韩兆玉，王根林，2021. 养牛学［M］. 北京：中国农业出版社.

黄启震，卢文瑾，陈超磊，等，2018. 北京地区子宫内膜炎奶牛在围产期前后血液生理生化指标变化［J］. 中国农学通报，34（15）：140-144.

兰欣怡，2018. 我国生鲜乳微生物污染状况及其影响因素研究［D］. 兰州：甘肃农业大学.

李凤华，2022. 母牛流产的原因及治疗［J］. 养殖与饲料，21（2）：83-85.

李胜利，范学珊，2011. 奶牛饲料与全混合日粮饲养技术［M］. 北京：中国农业出版社.

刘亚清，陈绍祜，张沅，等，2023. 中国奶牛种业战略发展研究报告［J］. 中国奶牛（9）：1-9.

马世平，2023. 牛流产的传染性病因与防控措施［J］. 今日畜牧兽医，39（12）：14-16.

农业农村部畜牧兽医局，2021. OIE 陆生动物卫生法典［M］. 世界动物卫生组织，编著. 北京：中国农业出版社.

祁维寿，张保德，2020. 牦牛饲养管理技术分析 ［J］. 中国畜禽种业，16（9）：126.

石云霞，2023. 牛流产的传染性病因及防控措施 ［J］. 中国动物保健，25（2）：43-44.

王道坤，李希广，2004. 引起母牛流产的几种常见传染病 ［J］. 河南畜牧兽医（8）：22-24.

王海荣，2018. 奶牛子宫内膜炎的诊断与治疗 ［J］. 现代农村科技（2）：052-054.

王可，祝超智，赵改名，等，2019. 中国牦牛的品种与分布 ［J］. 中国畜牧杂志，55（10）：168-171.

王礞礞，王建磊，苟文强，等，2023. 国外奶牛乳房炎研究进展——基于 Web of Science 核心数据库 ［J］. 中国乳业（9）：89-97.

王秀文，2022. 内蒙古三河牛在呼伦贝尔地区奶牛业生产实践中的应用 ［J］. 当代畜禽养殖业（1）：32-33.

王雪，赵欣，王华，2012. 直肠检查在奶牛产科疾病诊治上的应用 ［J］. 养殖技术顾问（4）：136-136.

魏黎阳，张九凯，陈颖，2023. 不同哺乳动物乳的营养成分及生物活性研究进展 ［J］. 食品科学，44（5）：365-374.

杨秀佳，2024. 牛流产的传染性病因和防控措施研究 ［J］. 中国动物保健，26（3）：35-36.

张博，肖鹏，周金陈，等，2022. 中国水牛种质资源质量提升：机遇与挑战 ［J］. 中国畜禽种业，18（10）：17-22.

赵恒聚，高艳霞，曹玉凤，等，2010. 利用杂种优势提高奶牛饲养效益 ［J］. 中国奶牛（1）：31-33.

朱柳，王鹏武，王绍卿，等，2013. 中国水牛与摩拉、尼里-拉菲水牛杂交后代泌乳特性的研究 ［J］. 中国奶牛（8）：32-36.

朱旭，2020. 中国荷斯坦牛的饲养与管理 ［J］. 山东畜牧兽医，41（5）：20-23.

EALY A D, ZACHARY K S, 2019. Symposium review：Predicting pregnancy loss in dairy cattle ［J］. Journal of Dairy Science，102（12）：11798-11804.